職場求生

完全手冊

讓職場新鮮人直接成為職場達人

張振華 編

崧燁文化

目錄

目錄

第二章 要求「實」利益，先做「真」人才

第五章 面試好比走江湖，見招拆招是關鍵

前言

對於無數剛剛從象牙塔里走出來的莘莘學子來說，求職是一個浩繁的工程：製作個人履歷、尋找就業機會、投送應聘履歷、應對面試考官，辦理入職手續，等等，這段必須經歷的人生歷程讓很多剛出校門的新人一頭霧水，不知道如何應對。有些新人雖然對找工作的「流程」並不陌生，但因為缺乏求職應聘的實際經驗和技巧，往往失去了很多就業的機會，抑或求職成功，卻落入不良企業預設的陷阱或圈套。

的確，求職對剛剛走出學校的新人來說，是一項前所未有的挑戰。這個過程中的感受和體驗與在校時參加的社會實踐差異很大，求職的過程是求職者整體素質和能力的集中體現，能否順利進入職場，是關係到職場新人未來職場生涯和個人發展的一件大事。因此，掌握必要的求職應聘技巧，不僅可以使你順利地找到一份滿意的工作，而且將使你的職場生涯充滿陽光。

俗話說，「男怕入錯行，女怕嫁錯郎」。求職就像一個尋找伴侶的過程，求職者在被物件挑選的同時，也在為自己選擇合適的物件。但很多求職者往往從一開始就在心理上處於劣勢，面對嚴肅的考官，心裡特別的忐忑不安，此前精心準備的服裝、髮型和求職材料一下子黯然失色。這種緊張的心理，不亞於新媳婦第一次見公婆。其實大可不必，你應該意識到自己和面試官是平等的，他選擇你的同時，你也在選擇他。當然，求職者除了要有自信外，嫻熟的求職應聘技巧也是必不可少的。

掌握必要的求職技巧，不僅可以幫助求職者順利找到一份滿意的工作，而且有利於解決勞動力市場上的結構性矛盾，從而實現「人盡其才、職適其位」，充分發揮各類人才在經建設中的作用，提高整個社會勞動力資源的配置效率。

本書所介紹的各種求職經驗和技巧，都是職場「成功人士」從切身經歷中總結出來的「經驗之談」。它們都來自於實踐，對即將踏入職場的社會新人具有很強的指導意義。也許本書介紹的求職「經驗之談」並不能幫助所有的求職者解決所有的問題，但是它起碼可以為那些仍然奔波在尋找工作的路上，或是抑鬱在錯綜複雜的辦公室人際關係中的新人們，提供一個燈塔，照亮未來的職場之路。

職場是一個沒有硝煙的戰場，戰火從製作履歷之始就在熊熊燃燒。想要在這場「戰爭」裡談笑風生、揮灑自如，求職者必須有勇有謀，有實力也有策略，有魄力也有機動性，有強大的耐挫力也有強大的自我修復力……

藝高才能膽大，身懷絕技才能遊刃於職場。而這種技藝，需要修習，需要淬煉。本書為職場新人羅列了十八班武藝，只需翻開便可修習，既省去了向人求教之苦，也比四處搜尋來得省時省力。

本書融合了最新、最全面的求職應聘技巧和方法，從畢業生走出校門開始進行職業規劃，到如何製作實用的履歷，如何發現應聘求職的機會，如何在面試中表現自己，如何辦理入職的各種手續，以及在職場中該如何處理人際關係等方面，都做了詳盡的講解與指導。

本書最大的特點是，從最微小的細節入手，從最基本的常識出發，將成功求職的技巧娓娓道來，並結合案例進行闡述。當然，1000 個人眼裡就有 1000 個哈姆雷特，透過這些或成功或失敗的求職案例，我們只是想呈給讀者一個選擇題，任由讀者自己去參悟，自己去選擇。

編者在這本書中融匯的求職技巧和案例都緊扣時代的脈搏，在逐漸邁出校門、走向職場，為這些社會新人們量身定做一本求職應聘寶典，與你們在同一個頻率上思考問題，在同一片天空下呼吸仰望。只因為，我們都需要找到一個成功的範例——求職成功的範例、變身職場達人的範例……

第一章 要馳騁人生疆場，先了解職場

初入職場，「半成品」打造開始了

所謂半成品，是指經過一定生產過程但尚未最後完工可以交付使用的產品，它還需要進一步的加工和淬煉。不客氣地說，那些剛剛走出大學校門，初涉職場的大學生們就是一些「半成品」。由於社會環境、教育體制等各方面的原因，在象牙塔裡學習時，他們往往缺乏一些必要的專業訓練，所以很難順利地走上工作職位，適應職場生活。他們還需進一步的「加工」和完善，才可以真正地融入職場，成為職場精英。

一般說來，企業偏愛錄用一些有從業經驗的員工，這樣既可降低訓練成本，又可以馬上投入工作。有經驗的員工就是「成品」，用起來順手，即使有些小問題，也能在管理模式的框架內迅速解決。

某次就業博覽會上，李銘和杜亞一起通過了初試，面試之後，順利進入同一家公司。李銘已經有兩年的工作經驗，而杜亞剛剛走出校門，公司本不想錄用杜亞，但是因為他的面試成績和在校成績都非常優秀，所以在眾多求職者中脫穎而出。李銘的學歷並不突出，但卻有豐富的工作經驗。

走上工作職位之後，富有職場經驗的李銘表現出色，他在行政助理的職位上做得如魚得水。難能可貴的是，他並沒有滿足自己已有的成績，還利用閒暇時間積極參加各類業務訓練，進一步提高自己的專業技能。

相比較之下，初涉職場的杜亞卻在工作中遭遇了重重危機。杜亞的工作職位是後台文員，專門負責處理公司業務資訊的錄入、檔案管理系統的維護等，因為這關係到整個公司前台的運作，所以杜亞每天要和很多同事打交道，隨時進行資訊的刪減、添加或修改。

本來，杜亞在大學裡學的是電腦資訊專業，所以對於這項工作完全可以勝任。但是，初涉職場的杜亞卻缺乏為人處事的技巧和智慧，他的劣勢慢慢地顯露出來。他仍然跟對待大學同學一樣對待身邊的同事和主管，完全沒有意識到辦公室文化的危險性和複雜性。由於平時說話太隨便，口無遮攔，不知不覺中得罪了很多同事；由於缺乏合作精神和團隊意識，使他在工作中出現了很多失誤，受到了公司主管的嚴厲批評。同事的冷落，主管的批評，讓杜亞非常沮喪。這個時候，他才意識到只憑一張學歷證書以及過去在學校裡學到的那些知識，很難在這個職位上深入發展下去，甚至很難勝任目前的工作。

遺憾的是，杜亞在意識到自己的缺點和不足之後，並沒有及時的調整自己的心態，也沒有向身邊的同事求助，而是消極怠工，陷入了惡性循環中，徹底對自己的工作失去了興趣，對自己失去了信心，甚至有了再做一段時間就跳槽的打算。但沒等到杜亞向公司提出辭職，公司就在試用期結束之後與杜亞解除了合約。在杜亞被掃地出門的同時，和他一起進公司的李銘卻順利轉正，成為公司重點培養的中堅力量。

實際上，每個新人初入職場時，都會有一個從「半成品」到「成品」的過程。即便是那些在職場中表現得很出色的精英人才，也都有過身為新人的經歷。

職場「半成品」其實也並非一無是處。在諸多工作職位上，是需要有一些「半成品」的，「半成品」可塑性強，有激情、有衝勁，熱忱、有潛質，在諸如軟體發展、資料分析等知識密集型產業裡，「半成品」就是搶手貨。

但是，職場新人對於一般企業來說，仍是需要投入很多資源的「損耗品」，訓練成本的增加必然帶來整個企業運營成本的上升，這是很多企業所不樂見的。企業花費了很大力氣對一名「半成品」從業者進行訓練，是希望其可以為企業的效益增長發揮作用。所以，企業比較喜歡那些值得投資，值得耗費財力、物力、人力來培養的新人。但是，對那些沒有及時調整自己，沒能跟得上組織的新人，企業往往不會給太多機會。一旦發現不適合企業需要，就會被毫不留情地掃地出門。因此，職場新人必須有意識地將自身強大的「可塑性」轉化成潛力巨大的「可就業性」。如此，其本身缺乏經驗的劣勢才會轉化成優勢，成為被企業留下來繼續培養和重用的儲備人才。

學習職場法律，讓自己安全起航

最近幾年，隨著大學畢業生數量的日益增多，碩士和博士也開始跟大學生「搶飯碗」。人力資源供大於求的現狀讓很多大學畢業生倍感壓力，而供大於求的直接結果就是引起了過度競爭，這是當今職場的一個人力困局。

在這種情況下，有些剛畢業的大學生在接二連三的碰壁之後，開始降低自己的要求和期望值，甚至屈服於一些過分苛刻的錄用條件，很少有人會拿起法律武器維護自己的權益。在這種「買方市場」下，從就業層面上來說，大學生已經成為了社會的「弱勢群體」。

現實中，因為求職被騙，不知道用法律保護自身權益的實際案例，已經呈現出越來越多的趨勢。

對職場新人來說，必須深入瞭解自己與企業之間的權利和義務，熟悉《勞基法》和《民法》，用法律武器來維護自己的正當利益和合法權益。

小唐畢業後很順利地來到一家私人企業工作，感覺環境很好，薪資待遇也不錯。所以做起事來盡心盡責，起早摸黑、加班是常有的事。可誰知道，試用期早就過了，老闆卻絕口不提辦理轉正職手續的事。小唐等了一個月，實在忍不住了，於是向老闆提出轉正申請，而老闆只是以「工作忙，忘記了」為由，口頭上答應盡快辦理。

一轉眼，又過了 2 個月，老闆依然沒有提轉正的事情，好像根本沒有這回事一樣。小唐只好再次向老闆提起自己轉正的事情。可是這一次得到的答覆卻是：他因為沒有工作經驗，又不安心工作，被公司辭退了。面對這一結果，小唐無計可施，由於事先沒有簽訂試用期勞動合約和三方協議等，只能啞巴吃黃連，不了了之。

對於大學畢業生來說，參加工作一定要和公司簽訂協定。

協議一旦簽訂，就意味著受到了法律的保護和約束。如果簽訂之後出現畢業生違約的情況，其個人的誠信度會被大打折扣，對以後的求職將非常不利，所以畢業生簽訂這個協議的時候一定要慎重。另外，為了保障自身的權益，在簽協議之前，求職者一定要與企業充分洽談，對其性質、待遇、福利、制度、效益、環境等各個方面做一個詳細的瞭解，權衡利弊。

另外還要指出的是要與企業簽訂勞動合同。企業一旦和求職者確立了勞動關係，就應依法簽訂正式的勞動合同；應當訂立勞動合同而未訂立的，勞動者可以隨時終止勞動關係。

不過，對於職場新人來說，有一點必須要注意：不要矯枉過正，維護權益應該有個限度。過度維權不僅不會爭得想要的權益，還會被人看成是無理取鬧。

雖然現實職場中的確存在一些「黑幕」，但是，職場本身是一個公平的平台，本身並沒有好惡之分。如果你一開始就抱著一種「陰謀論」的心態，認為世界到處都是不公平的，所有的企業都是設計陷害你，都是要挖空心思榨取你的「剩餘價值」，那你就大錯特錯了。

據調查，近年來，向企業提出高額補償的案件越來越多，一些人在離開企業的時候，利用法律上的漏洞，向企業索要各種高額費用，「獅子大開口」，少則幾十萬，多則上百萬。而他們在職的時候年薪也不過幾十萬元。這些無理的要求自然不會得到滿足，有時候還會激化矛盾。

其實，判斷自己有沒有被侵權並不難，就看企業的某些行為是不是專門針對你而做的。就拿加班來說，如果是集體加班，很可能是遇到了特殊情況，需要趕進度；而如果是只有你一個人，那就有可能是你的工作效率比較低，在正常工作時間內無法完成。

當今社會，雖然有一些不守法或是不規範的企業，但畢竟守法的企業還是占大多數。企業正規化才是社會欣欣向榮的保證，光靠投機取巧是發展不起來的。

對於剛踏入職場的大學生來說，維權意識很重要，但維權也會有風險，最好要找專業的法律人士代理或諮詢，或者到相關政府部門尋求幫助。另外，還要切記不能維權過度。新進職場的大學生，只有不斷提高自己，讓自己成長、成熟才是當務之急。實力是發言權的保證，有實力才能爭取權益的最大化。

走出「象牙塔」，重視職業規劃

職場如戰場，勝者王侯敗者寇。無論是誰，初衷都以立於不敗之地為終極目的。

現代職場競爭絕對不是和風細雨，常常表現得非常殘酷和激烈。雖然也有「你活我活」式的競爭，但許多情況下都是「你死我活」的競爭。

職場上不存在刻意求敗的人，職場上的失敗其結果必然危及個人的生存。職場失敗的標志之一就是失業，沒有工作就沒有收入來源，沒有收入拿什麼維持生計，拿什麼養家餬口呢。

誰都想在職場上取勝，都想混得有模有樣，都想事業成功，都想收入穩定。但事實上不可能所有的職場人都是勝利者、成功者。現實是殘酷的，強烈的競爭性是職場市場性的重要標誌。所以，作為職場人，必須不斷提高自身實力，積極應對職場挑戰。如果臆想著像唐吉訶德那樣去「大戰風車」，結局可想而知。

職場的市場性還體現在職場人才的自由流動性，這為個人發展提供了廣闊的空間。多大的池子養多大的魚，當魚生長到池子規定的極限時，便會停止成長。這時候，只有找到更大的池子，魚才能繼續成長。

在過去的時代，一輩子待在一個企業是很普遍的現象，這極大地制約了個人能力的成長和發揮，也不利於社會的發展。這種情況在現在的職場是不可想像的，這也是現代職場優越性的體現——為每個人都提供了廣闊的發展空間。

天高任鳥飛，海闊憑魚躍。只要有能力，就不愁找不到發揮才幹的地方。主觀為了自己，客觀益於社會。所以說，職場的市場性對於社會的和諧以及個人自身價值的實現都有積極意義。

需要特別強調的是，職場的市場性不排斥個人的計劃性。這個計劃性主要是就職業生涯規劃而言，當然也包括狹義的計畫，如短期的甚至超短期的一些打算和安排。

職業生涯規劃對於每一個職場人來說，都是極其重要的。我們完全可以這樣說——有職業規劃不一定成功，但沒有職業規劃就一定不會成功。

進入職場以後再開始制定職業規劃，其實已經有點晚了，在大學的時候就要制定出一生的職業生涯規劃。做好將來的規劃，好處主要有兩點：一是有了長遠的職業生涯規劃，可以為專業學習提供明確的方向和座標，有方向才能有的放矢而不盲目，有目標才能產生強大的學習動力；二是為將來跨出校門正式步入職場做好心理上和策略上的準備。「凡事預則立，不預則廢」，如果心中沒有目標，形同「盲人騎瞎馬」，這樣的行事方法是十分危險的。

校園是一個相對封閉的環境，與真實社會的交流有限，所以學生時期制定的職業生涯規劃往往存在脫離實際的問題。這就需要在制訂規劃時盡量做好調查研究，了解職場的真實情況，或者請有經驗的人幫助設計。

另外，也不必擔心規劃發生錯誤。因為規劃畢竟只是規劃，不是一成不變的東西，將來畢業之後，完全可以根據職場的實際情況隨時修改。即便是一個很好的職業生涯規劃，也要隨著時間和空間的變化而不斷修改，何況是學生時期的規劃。總之，尚未畢業之前一定要對將來的職業生涯有所設計，不一定很具體，但基本方向和大體步驟一定要有。

做好職業規劃，「90 後」正當時

要想在職業生涯中獲得較好的發展，做好規劃是首要的一環。隨著社會的發展，「90 後」逐漸成為社會的中堅力量。然而很多「90 後」進入職場後的一些問題也逐漸顯現了出來：浮躁、叛逆、眼高手低、自尊心強、缺乏團隊精神。在這之中，最重要的一個問題就是——不會做職業規劃。

小維大學畢業已經好幾年了，一直在一家公司做祕書。雖然在工作中她很努力，也很有上進心。但是，一連換了好幾個職位，從普通員工到打字員、從前台到總經理祕書，她始終都不知道自己真正喜歡什麼。工作上總是隨波逐流，主管安排怎麼做就怎麼做，無論是哪一個職位都做不長久。對於她來說，每天的日子都是在迷茫中度過的。

像小維這樣被動混日子的「90 後」大有人在。如果在職場中，你對自己的職業生涯目標不太確定，或是認為目前的工作沒有太多機會。首先要做的是——不要失望，因為有很多處於相同環境的人都要經過這一階段。

從職業心理學的角度分析，制定並實施一份良好的職業規劃的第一步，就是正確判斷自己的價值，瞭解自己的能力，對自己的知識、興趣和技能有一個客觀的認識，然後對症下藥，苦練內功，為以後的發展打好基礎。

「90 後」的職場人剛剛開始職業生涯，及時做好職業規劃，為時未晚。但是有 4 個方面是不容忽視的。

1. 學歷和地位

「90 後」一般都具備一個共同的特點，那就是擁有驕傲的學歷。但是，現在這個特點已經成了一個極為普通的資本。在就業競爭中，學歷的優勢已經被弱化，綜合素質在競爭中發揮了主導作用。

年輕人在成長過程中，很容易形成自我觀念過重的思想。什麼事都希望有人給安排好，若是沒有人安排，他們很少主動去做。很多人在全域和長遠問題考慮上都存在欠缺。

所以「90 後」在做職業規劃的時候，首先要擺正自己的身份和位置，放下學歷的架子，懂得如何有效地為企業做貢獻，凡事要多從別人或是企業的整體角度來考慮，不要只是以自我為中心，那樣很容易引起別人的反感。

2. 專業和職業

「90 後」就業不對口的現象比較普遍，「學非所用」成了困擾他們求職的一個重要因素。很多職場新人在接連碰壁之後，會產生出拋棄之前的專業，重新學習的念頭，以適應職業發展的需要。這是受到激烈的就業競爭刺激後導致的想法，當然，也是一件既具有挑戰性又很無奈的事情。在很大程度上，這也體現出了「90 後」群體具有強烈的競爭意識和上進心。

從職業規劃的角度來說，從來沒有哪個規劃是一步到位的。職業發展規劃上不封頂，它是根據客觀情況不斷調整個人職業走向的一個動態系統。所以說，「90 後」的職場新人，如果存在專業和職業的衝突問題，完全可以根據自己的實際情況，對職業發展規劃做出有針對性的調整，及時充電，不斷提高。「90 後」在擇業時不是要考慮專業是否對口，而要考慮什麼職業適合自己。

3. 薪資和心態

「90 後」進入職場普遍起點較低，大部分人都只是普通員工，拿著較低的薪水，與自己的期望值相差很遠。有的人對當前的機會十分珍惜，不肯輕易放棄，但是也有一部分人不滿現狀，頻繁跳槽。

事實證明，雖然跳槽可能帶來薪資的小幅上揚，但是，任何人的職場生涯都經不起頻繁的跳槽。跳得多了，你的企業忠誠度就會遭到質疑，那麼很有可能職場生涯也會提前結束。「90 後」最好還是要暫時穩定在一個固定職位上，踏踏實實地埋頭苦幹，強化突出自己在企業中的作用和重要性。一方面積累經驗，接受更為嚴峻的職場考驗，另一方面努力使自己成長為無可替代的員工，為將來創造平穩發展的空間。任何一個初出茅廬的「90 後」，想要成長為一個優秀的職業經理人，都需要一個歷練的過程。

4. 投資和消費觀

「90 後」是最容易和「月光族」聯繫到一起的一代人。很多人無法掌控自己的經濟收入，手頭有了閒錢不知道怎麼處置，以至於很難達到收支平衡。

職場上很多「90 後」暫時還沒有贍養父母和撫養子女的經濟壓力，一般情況下，每個月都應該有所結餘。但是，用這筆錢來做固定投資又為時過早，而且也是杯水車薪，其實完全可以進行另外一種投資——智力投資，增強自身的職業價值。工作之餘，多培養和發掘自己多方面的特長和興趣。

「90 後」在對自己進行職業規劃之前，一定要先確定自己的職業方向，然後再給這個職業規劃找一個範例，這個範例就是：我為什麼去做？範例可以分為生存範例、發展範例和興趣範例。

那麼如何確定自己的職業方向呢？可以採取能力測試的方式，先測試出自己的能力傾向，看看自己適合走哪一類型的發展道路，是「做官」「做老闆」「做職業經理人」「做普通職員」，還是從事學術研究等等，然後根據每種道路的素質要求，制定針對性的學習計畫，合理安排時間和精力去努力，為以後的成功打好基礎。

「個人品牌」關係職場生死存亡

所謂「個人品牌」就是你在他人心目中的一切利益關係、情感關係和社會關係的綜合體驗及獨特印象。簡而言之，就是讓更多的人認識你、接受你，讓你的個人價值最大化。當你建立了「個人品牌」，就可以讓你在工作中得到大家的尊重，讓你積累自己的無形資產，為以後的職業生涯埋下成功的伏筆。

生活中常常看到某某明星身價多少億，某某球星身價多少億，這其實就是個人品牌價值的體現。個人品牌是一個人寶貴的無形資產，像一場核裂變一樣，能產生巨大的能量，其價值遠遠高於個人的有形資產。

在激烈的市場競爭中，建立個人品牌，是獲得好工作的法則之一。「鐵打的營盤流水兵」，人人都會面臨人才競爭環境帶來的機會和威脅，有了「個人品牌」的人才，才能成職場「不倒翁」。

如果你沒有自己的「個人品牌」，就等於沒有自己的身份識別系統，那只能靠辛苦耕耘混口飯吃了。

年末的時候，某房地產顧問公司招聘策劃文案，同樣有兩年行業經驗的周永峰與王銳都通過了初試，最後面試他們的是這家公司的總經理鄭雲。在沒見到他們之前，鄭雲就從開發公司和代理公司那裡不止一次地聽過周永峰的名字以及他的一些事情。

他們對周永峰的專業能力給予了較高的評價，所以，周永峰沒有露面就給了鄭雲一個好印象。在見到周永峰本人，聽完他對市場環境的分析和對地產策劃的理解後，鄭雲當即決定：一個月的試用期結束後，在公司原來承諾的月薪基礎上，再加 5000 元。

面試結束後，鄭雲對周永峰說：「就因為我聽說過你這麼個人，你的名聲就多值這 5000 塊！這應了一句老話『人的名，樹的影』。」

王銳雖然沒有周永峰的「名氣」大，但他也憑著個人的實力，及以往工作中的業績，贏得了這份工作。入職以來，王銳兢兢業業、勤勉工作，每天來得早、走得晚，用心之至。這張公告應該是什麼風格，那篇廣告又該如何創意，每天他都埋頭於工作中，很少參加圈子內的活動或聚會。

相較之下，周永峰更注重團隊之間的協作，與客戶之間建立起良好的溝通關係。除了日常工作外，他還經常與媒體的記者、開發公司的經理聚會，積極參加業內舉行的論壇或會議，爭取機會並敢於發表自己的觀點。不論在什麼場合，周永峰總是穿得乾淨得體，風度翩翩。公司每次有新專案提案評審時，他都被主管委以重任衝鋒在前，面對坐滿會議室的開發公司各級主管，周永峰侃侃而談，一個偌大的 PPT 文案，總能被他解說得活色生香、風生水起。沒過多久，周永峰就榮升為策劃部專案經理。

相同的起點，同樣的職業背景，王銳卻一直是個文案策劃的角色，周永峰則如魚得水。一年半之後，一家開發公司通過熟人「獵」到了周永峰，許下豐厚的薪水和福利待遇，周永峰欣然前往，另攀高枝。

企業為什麼要不惜重金禮聘那些擁有「個人品牌」的能人？原因很簡單：這些人加入企業，不僅是他本人在為企業創造著價值，其人格魅力與手中積累的各種資源，也能為企業帶來額外的附加值。

建立「個人品牌」還有一個重要作用，就是在同一個行業內持續工作時間越長，你的競爭優勢會表現得越明顯，這非常有助於個人品牌的快速成長和影響力的迅速擴大。

如果你還沒有自己獨特的「個人品牌」影響力，心動不如行動，從現在開始，把自己的品牌豎起來、經營好！

提升職場核心競爭力的「利器」

所謂職場核心競爭力，指的是你所具備的一項或幾項獨特的知識和技能。這種競爭力是你的獨家本領，不會被競爭對手輕易模仿。

職場核心競爭力主要有三方面構成：

①準確的職業定位；

②綜合能力與資源；

③超強的執行力。

綜合這三方面的要素打造職場核心競爭力，目的就是成為職場上無法取代的高素質人才。即使是遇到職場「地震」或企業危機時，你也可以憑藉這一雄厚的資本佔據主動，職業生涯不會因此而發生重大危機。

吳瓊是某大學廣告策劃專業的高材生，畢業後加入一家廣告公司工作，一做就是兩年。在公司的同事們看來，吳瓊的學歷是數一數二的，策劃文案也做得漂亮，而且創意不斷，總能想到好點子。

除此之外，吳瓊還自學過財務知識，並且對公共關係學也有些涉獵，平常公司的一些重要公關活動，她也能幫點小忙。按照她的綜合能力，同事們認為空了很久的部門經理非她莫屬，可是老闆卻臨時換了將。

老闆的理由是：吳瓊缺乏明確的職業定位。在老闆看來，她可以做策劃，又可以當財務，還能參與大型公關項目，但是，她並不是策劃部經理的最佳人選，因為缺乏核心競爭力。

一個人的職業發展就如同一棵大樹的生長，過多的枝芽必定影響樹幹的生長，從而削弱了大樹成長所需的能量。職業生涯也是如此，如果興趣非常廣泛，沒有一個集中的點，反而會削弱一個人的核心競爭力，容易導致職業方向的模糊。原本是想能者多勞，可在主管看來卻成了定位不準。

小楊畢業後在一家公司做人力資源管理工作，最開始只是個普通的職員，負責處理人力資源部的一些日常雜務。一次偶然的機會，人力資源部的經理離職，小楊被通知和另外兩名同事競選這個職位，最終他憑藉優秀的綜合能力成功勝出。

公司主管的理由是：小楊做事很有親和力，溝通能力較強，處理工作靈活變通，能很好地處理和同事之間的關係，協調好主管和員工的關係。而他之前的那個經理，雖然在人力資源方面也很優秀，但是人際關係較差，公司裡很多人都不喜歡他。每次開會，只要是他提出的建議，大家就表示反對，即使是正確的意見，大家也會以沉默作答。這種情況嚴重影響了公司的發展，最終只能被辭退。

對於每一個職場人來說，優秀的綜合能力和擁有的人脈資源極其重要。身邊的每一個人都看似平常，然而他們都是你人脈資源的組成部分。一個人的職場成功往往與其自身的商業價值有很大的關係，而商業價值的標準除了學歷和資歷之外，主要是綜合能力和所擁有的各種資源。小楊的成功就是與其自身的商業價值分不開的。

秦璐畢業後到一家公司做銷售，由於她是個新人，又沒有什麼特殊的專長和背景，只能踏踏實實完成主管交代的每一項工作。不管難度有多大，她總能全力以赴地去執行。

老闆對秦璐的工作作風十分滿意，認為她有極強的執行能力，具備一個優秀員工的基本素質，也具備成為優秀主管的潛質和能力，於是將她提升到了主管的位置。而在此之前，按照公司的慣例，從銷售到主管一般都熬到 3 年才能成功。

在現代企業中，具有超強執行力的人才非常搶手，因為他們能在最短的時間創造出最大的價值。除了出色地完成本職工作，幫主管解決問題外，還會去做一些力所能及的事情或幫助同事。每一個職場人都應該培養自己不可替代的執行力，這樣的員工才能在職場中如魚得水。

職場核心競爭力是職業人獲得生存和發展的基本保障。無論你在什麼樣的企業，都必須對自己的定位有一個清晰的認識，並不斷積累和提升自己的綜合能力，加強執行力的培養和鍛煉。只有這樣，你才能成為一個不可替代的優秀職場人才。

做自己職業發展的主人

現在工作不好找，就業競爭十分激烈，很多人都想自己創業當老闆。然而老闆並不是人人都能當的，而且，能當老闆的人，先要具備做一個好員工所必需的素質和心態。如果你連一個好員工都做不好，那趁早打消當老闆的念頭。

打工和創業，其實在對人的職業素養要求上有很大的關聯性，它們並不是互相矛盾的，我們不能用「資方與勞方永遠有著不可調和的矛盾」，把職場人對工作的態度簡單對立地成「打工心態」與「老闆心態」。有很多的職場新人，當然也包括一些職場老人，總是抱著「打工心態」去工作，無論如何，這樣是做不好工作的。

張華曾經在一家大型廣告公司擔任創意總監，幾年前開始自己創業，經過自己堅持不懈的努力，後來擁有了一家頗具規模的廣告公司。他以前給別人打工的時候，總是盡自己最大的努力，拿出自己最滿意的方案交給老闆呈現給客戶，把公司的事情當作自己的事情來做，老闆對他很賞識，客戶也對他很滿意。正是因為張華能做一個好員工，所以他後來才成為了一個成功的老闆。

那些抱著「打工心態」去做事的人，在工作中很容易被看出來，比如，總像算盤珠子一樣，撥一撥就動一動，不撥就不動；明明只要多動一下腦筋就有能力做出很好的東西，卻總是拿一個草草了事的東西來敷衍；等到出了問題，先不是想辦法拿出解決問題的方案，而是首先考慮如何推卸自己的責任；遇到困難先想著如何繞道而行，或者就乾脆往後拖，直到把事情拖黃，最後不了了之；做事只求能在老闆或者上司那裡應付得過去，所以對老闆能看得見的事情就多做些，老闆看不見的就少做，甚至乾脆不做。

很多職場人之所以抱有「打工心態」，原因不外乎：為了獲得職業的安全感，恪守做多錯，少做少錯，不做不錯的消極原則；或者走另一個極端，認為現在的工作永遠是下一個工作的過渡，頻繁跳槽，成了所謂的「職場青蛙」。

「老闆心態」和「打工心態」，看起來是因為各自利益的不同，而被認為是一對不可調和的矛盾，可實際上並非如此，甚至這種提法是建立在完全對立和不平等的前提下的，本身就值得商榷。

對於在職場上打拚的職場人士來說，如果你一直抱著「打工心態」，傷害的其實是自己。如果你對每一份工作都是抱著「你給我多少錢，我就幹多少活」，那麼你的不良情緒很快會讓你喪失對工作的激情。而你一旦沒有能力管理自己的情緒和激情，那麼無論是跳槽換一個老闆，還是自己創業，都不可能獲得最終的成功。如果你在打工時，習慣於拈輕怕重，逃避責任的話，那你就更沒有資格說「如果我是為自己做，情況就不一樣了」這樣的話了，因為一個人的工作態度和工作能力就是從點滴工作中長期培養起來的。

要知道，作為一個職場人，最重要的是做自己的主人，做你自己職業發展的主人。這樣，你就會發現表面看來你為公司所做的一切，其實也是為你自己在做，在為自己職業發展的每一步奠定扎實的基礎。你交給公司的是業績，同時獲得的是自己能力的提升。

踏實工作是職場制勝的法寶

我們經常聽到一些剛踏入工作職位的職場新人發牢騷：「為什麼總是讓我做一些無關要的工作，我可是研究生，我可是優秀學生啊……」孰不知，不管你的學生時代曾經多麼風光，踏入職場，你只是一個新人。有些人雖然知道這些瑣碎的工作是對自己的鍛煉，但是做起來依然有氣無力，一天、兩天可能還覺得這種是鍛煉，但一個月、兩個月下來，就會覺得這簡直是折磨，根本無法忍受。

張婷是一所國立大學的高材生，畢業後到一家房地產公司做總經理祕書，主要負責幫總經理收發、列印一些資料，或者到各部門去傳達指示。不過，她還有一項重要工作，那就是幫總經理貼發票報銷各種費用，然後到財務去跑流程，把現金拿回來交給總經理。她對自己每天都在做這些瑣碎的小事感到非常失望，絲毫沒有成就感。

其實，張婷完全忽略了這些瑣事中所包含的重要資訊。就拿貼發票報銷來說，發票實際上是一種原始的資料記錄，它記錄了和總經理乃至整個公司營運有關的費用情況。看起來沒有意義的一堆票據，它們其實涉及到公司各個方面的經營和運作。透過這些票據，可以發現總經理在商務活動中的規律，比如，哪一類的商務活動，經常在什麼樣的場合，費用預算大概是多少；總經理公共關係常規和非常規的處理方式，等等。可是，張婷對這些重要的資訊卻視而不見。

很多職場新人都有類似張婷這樣的經歷和感受，常常感到很苦惱，覺得無法忍受，總是想著「天生我材必有用」，而這些工作卻跟我的專業一點關係都沒有。其實，作為初涉職場的新人，你很難預測到你將來要從事什麼工作，將來所要從事的工作，是否跟你在大學裡學的專業有關。初涉職場的頭幾年，重要的不在於你做了什麼，而在於你在工作中是否養成了良好的工作習慣。這個良好的工作習慣指的是：認真、踏實的工作作風，以及是否學會了如何用最快的時間接受新事物，發現新事物的內在規律，用比別人更短的時間掌握這些規律並且處理好它們。如果你具備了這些作風和素質，那麼你也就具備了成為一個優秀職業經理人的基礎。

當你有比別人更多的工作機會去接觸那些你沒有接觸過的工作的時候，你就有了比別人更多的學習機會。誰都喜歡聰明勤奮的學生，企業的主管者們也是如此。

大多數的職場新人在剛開始工作的前幾年，看不出有多大的差距。但是這幾年的鍛煉將為以後的職業生涯發展奠定決定性的基礎，因此非常重要。很多人不在乎年輕時走彎路，常常覺得日常的工作人人都能做好，沒什麼了不起。然而就是這些簡單的工作，在不知不覺、循序漸進中成為今後職業發展的分水嶺。

那些幼稚自負的職場新人，總是不承認自己的能力有欠缺，總認為自己可以擔當更重要的工作任務，而一旦長時間得不到重視，就會抱怨自己運氣不好，抱怨那些看起來資質普通的人，總比自己更能走「狗屎運」；抱怨她容貌比自己好，或者他更會討主管歡心等，這樣一來，就會慢慢影響到自己的工作心態。所謂「懷才不遇」，常常都是這種情況。

對於職場而言，工作需要聰明的員工，但更需要踏實的員工。而且，在聰明和踏實之間，很多企業主管更願意選擇後者。踏實，是人人都能做到的，它和先天條件並沒有太大關係。

職場生存新法則——示弱

在職場中，如果一味地逞強好勝，處處表現鋒芒畢露，常常會使自己陷入不必要的麻煩和漩渦中，工作也會遭遇很大的阻力。很多時候，「示弱」不失為一種以退為進、爭取主動的好方法。

不少新人在進入新的工作環境之後，往往自恃學歷較高、聰明能幹，處處一馬當先，急於表現自己，這樣鋒芒畢露的做法很容易使自己陷入被動。這很容易理解：首先，你與新環境之間尚處在磨合期，對工作的具體內容、企業的管理模式尚未了然於心，急於求成的心態會使你的工作出現失誤。其次，由於急於表現自己，很可能會忽略同事及上司的意見和感受，從而在別人心中留下「自恃過高、目中無人」的印象。本想努力工作，卻處處不討好。如果情況一直這樣發展下去，人際關係會變得非常脆弱，工作上的配合度也會越來越差。

進入一家新公司，通常有三大「禁區」是不能隨意涉足的。一是人際關係網，人際關係不論複雜與否，在每個公司都是存在的。新人介入後，一般都會摸不清狀況或者面臨要選擇加入哪一個小「團體」中，這對新人來說是很難把握的。如果莽撞行事，很可能會得罪其他人，甚至在所有人面前都不討好。另外兩個「禁區」是利益與權力的分配，這兩個「禁區」是人際關係的延伸，也是比人際關係更敏感的問題。如果不小心損害了別人的利益或侵犯了別人的權利，輕則引起別人的敵意，重則連工作也保不住。因此，在進入一家新公司之後，新人不要急於表現自我，或者匆匆加入某一利益團體。表現得「遲鈍」一些，既可以留足時間充分觀察局勢，又可以避免處事不慎可能招來的不滿和敵意。

避免自己的職場形象被「妖魔化」的最好方法，就是適當地收斂鋒芒，向周圍的同事「示弱」，這樣，你才能腳踏實地地一步步向前邁進。

1. 承認「無知」

職場新人到一個新的工作環境或職位之後，肯定有一部分事務是全新的，自己以前沒接觸過或者不是十分精通。那麼，怎樣才能實現這種角色轉換呢？承認自己「無知」，不失一個好方法。自己不懂的地方多向同事和前輩請教，會給人留下謙虛、好學、尊重他人的良好印象。承認「無知」，不僅不會給別人留下「愚笨」的印象，反而會使他們很快信任你接受你，而且也會使你的工作能力迅速得到提高。

有句老話說得好——「難得糊塗」，道出了人生的大智慧。在職場中，適時地裝糊塗，不僅散發著大智若愚的智慧光芒，還可以幫助你在職場中順暢遊走。雖然對工作不能糊塗，但在與同事打交道時可以適當地裝糊塗。對待喜歡在辦公室裡吹毛求疵、指手畫腳的同事，最好的辦法就是裝糊塗。如在他還沒有把話題向你挑明之前，自己假裝「不懂」地去請教他一些很「低級」的問題，以退為進，這樣他也就沒什麼興趣與你討論下去了。

辦公室裡的流言蜚語，會讓你感到無盡的煩惱和厭倦。如果自己先忍不住爆發了，就會給好事者製造更多的口實，流言也會越傳越厲害。此時，不如採取「裝糊塗」的方式，無論別人怎麼說，相信「清者自清，濁者自濁」，採用不理睬的方式，好事者見投下的石頭連朵水花也激不起，流言也就自然消散了。

2. 少些「精明」

每個職場人心中都有一本帳，盤算著自身利益的得失。然而，如果你表現得過於「精明」，事事搶佔先機，不免會因為得到某些小利益而得罪周圍的同事。若是有些人盯著你的「精明」不放，會使你在人際關係方面很緊張。

聰明是工作的必要條件，但是精明要適度。適當地吃一些小虧，讓利於同事，會給自己創造一個非常寬鬆的人際關係環境。當然，吃虧要有技巧地把虧吃在「明處」。聰明可以幫助你認清自己所處的環境，精明則會顯得你目光短淺，處處算計他人。因此，職場人應該用聰明的頭腦多思考長遠的利益。如果周圍的某些同事與你的關係不是十分融洽，適當地對同事表示出關心，也是改善同事關係的「妙方」。不過，這種關心要選擇同事真的需要別人幫助的時候，如果不分場合、不視具體情況，盲目地關心他人，就會讓同事覺得在討好他，反而增加他的反感。

3. 保持「低調」

有些人喜歡出風頭，喜歡聽到別人對他的讚美。覺得只有這樣，自己的才能才會被人肯定，心裡才會有成就感，所以他們很在意其他人對他們的評論，一心只想著怎樣去討好別人，博得別人的讚美。其實，這樣的「出頭鳥」未必就能贏得大家的好感，其鋒芒常會刺傷周圍的人，讓人唯恐避之不及，有時還會成了眾矢之的，群起攻之，在競爭中首先將其淘汰出局。

職場的競爭靠的是實力。不要太在意別人對你的一時評論，成敗不是靠一兩句話就能決定的。過於逞強好勝和在意別人的看法，並為此耗費精力，會讓自己活得很累也很沒有價值。面對一時的榮辱得失不妨作低調處理，在那些喜歡出風頭的人面前「甘拜下風」不失為良策，避免捲入那些人際是非裡去。把心思和精力放在如何提高自己的業務能力上面，多務實少務虛，只有蘊積實力，你才能在競爭激烈的職場中立於不敗之地。

在職場上行走，很多時候「硬碰硬」的效果未必就好，在適當的時候採用「示弱」的辦法，會給自己創造一個良好的人際關係環境。

職場有規則，做得多不如做得對

在職場上，人們似乎有一個思維定式，認為事情做得越多越好。其實不然，具體問題還要具體分析。在激烈的職場競爭下，多勞多得的「約定俗成」不一定就對，做得多，不如做得對。

1. 做錯誤的事情，做得越多肯定就錯誤越多

努力工作最忌諱的一點就是死鑽牛角尖。有些人做事很執著，不撞南牆不回頭，即使是有人告訴他這樣做是不對的，他仍然「死不悔改」。當然，這樣「偏執狂」的人也並非一是處，往往在研究發明上容易獲得成功。可是職場跟實驗室不一樣，優秀的職場人士都是懂得變通的。把做科學研究的偏執心態放到職場上來，浪費個人的時間是小事，因你一個人而耽誤整個企業的正常運營才是大事。

職場不是一個適合堅持自我的地方，這和搞藝術、做研究截然不同。職場上的工作重點不是在於你堅持了什麼，而在於你創造了多少價值。當老闆說你錯了的時候，你就應當立即停止工作，不要爭辯。有句古話「做事不由東，累死也無功」，就是這個道理。當身邊大部分同事都說你錯了的時候，你也一樣要停下來，很有可能你是真的錯了。

其實，問題的關鍵，並不在於你所做事情的對和錯，而是你能不能承擔得起這個錯誤的結果。如果你不聽別人的勸告，一意孤行下去，到最後，即使你是對的，那也會遭到別人的嫉恨；而一旦你真的錯了，那結果將會讓你很難承受。

2. 重複做一些毫無意義的事情，只會讓別人覺得你很蠢

有這樣一個故事：

一天，有位專家問一個學生，僅僅依靠一個人的力量，怎麼才能用一把手指大小的錘子把一個巨大的鐘敲得搖晃起來。學生聽後，不知道該怎麼回答。於是，這個專家就拿起來一個手指頭大小的小錘子不停地敲打巨鐘，聲

音輕微而有節奏。他一直敲了一天一夜，他真的成功了，巨鐘在連續不斷的震動下終於搖晃了起來。

堅持不懈的工作態度是對的，但是這種態度不一定適合所有的工作。比如這個專家的行為，如果放到職場上也許就是愚蠢至極。

3. 在低收益的事情上浪費太多精力，機會成本損耗嚴重

很多職場人在持續做低收益事情的時候，小富即安的心態導致了他們不思進取。你身邊總會有這樣一種人：年齡小、資歷淺、學歷低，但是升職卻比你快很多。有些人看上去整天不務正業，很少勤勉工作，但是收入卻比你高。這其中，除了運氣外，重要的還是效率。因為他們一直做的都是高效率的事情，所以他們只需要花很少的時間，就可以把所有的工作都做完。

高效率的職場人士，往往只付出很小的努力，就能獲得很大的收益。如果一個人把所有的時間資源都浪費在了低效率的事情上，表面上看起來沒什麼損失，而實際上，你會因此而失去更多的機會。如果你把時間和精力都浪費在了低收益的事情上，根本就分身乏術，不能投入精力去做高回報的事情。這也是成功者和平庸者的區別所在。

4. 你今天做的事情很多，明天要做的事情就會更多

這是一句並不難理解的話。仔細分析一下，如果你是一個做事很認真，處理問題的能力很強的人，並且對別人交給你的工作從不推辭，用心完成而且毫無怨言。那結果是，你做得越多，找上門來的工作就會越多。

總之，一個職場高手給人的印象應該是，他看上去總是很勤快很能幹，因為他常常能在較短的時間能夠完成別人完成不了的工作；他會常常誇獎同事，並且把手頭完不成的工作交給同事，然後送上最熱情的讚揚；他還會經常邀請別人和他一起做事，並且把事情做到完美極致。

失業不一定是壞事，保持平常心

失業，在人們眼裡都是不好的事情，甚至還會覺得很丟人。我們應該正確看待失業，失業就像求職一樣稀鬆平常。

失業之後不必惶恐，不要覺得丟掉了一份工作，整個世界就坍塌了。一個人的失業是由多方面因素造成的，現代職場競爭激烈，優勝劣汰是基本的法則，職場人遭遇失業在所難免，這種失業可被稱為「軟性失業」。在經濟不景氣的情況下，企業也會進行「大瘦身」──員，這樣的失業是「硬性失業」。

失業者首先應該接受事實，其次便是調整心態，大可告訴自己：塞翁失馬，焉知非福，或許下一份工作更適合自己，薪資更滿意呢。

對於一些自身「軟體」建設不佳的失業者來說，要乘此良機，好好想想自己的短處在哪裡，然後對症下藥，進行有針對性的改善與提高。在當今資訊爆炸的時代，只有不斷地提升自我價值，與時俱進地更新自己的知識和能力，持續地增加自身的附加價值，才能在職場上走得長遠，才能不會被職場淘汰。

張楊與張東升是鄰居，也是同學，後來上了兩所不同的大學，畢業後都回到老家所在的城市工作。張楊學的是電氣自動化，張東升的專業是模具生產，兩個人都找到了一份不錯的工作。張楊是個踏實上進的人，工作之餘還不忘去參加各種訓練班，修習專業技能。而張東升則是個安於現狀的人，下班之後就是娛樂休閒，與朋友喝喝酒、唱唱歌，到處瀟灑。就這樣，一年過去了。

第二年，正好趕上全球金融危機。雖然多數的企業都沒有受到太大衝擊，但是張楊和張東升所在的公司卻嚴重「感冒」了，因為這兩家公司的主要收入便是產品出口。於是，企業為了安度「危險期」，做出了裁員的安排，對待工作不溫不火的張東升被辭退了。

張東升一下子陷入了無邊的鬱悶中，因為他已經習慣了「朝九晚五」的生活，更習慣了工廠。現在要他離開，他不知道自己還能去做什麼。張東升垂頭喪氣地回到家，覺得「我失業了」這句話比千鈞重擔還要重，不知道該怎樣告訴家人。

頂著這樣沉重的心理壓力，張東升開始酗酒，整天借酒消愁，變得極為頹廢。一天在小區門口，張東升遇見了剛下班的張揚。張揚詫異地叫住他，不敢相信眼前這個形銷骨立的人就是張東升。經過一番詢問，張揚終於弄清楚了事情的原委，他語重心長地說：「東升，你有沒有想過你為什麼會被辭退？如果你想留下來，你是不是應該有一些不同於別人的技能呢？」張東升低下頭，又搖搖頭，他沒有過人之處，只是埋頭上班。

張揚繼續說：「東升，我們公司也在裁員，可是我沒有被辭退，因為在很多電器的維修上，我比其他的技術員要高明很多！業餘時間我一直在充電，每天都在堅持學習。要有學習意識和危機意識，你難道連這個都不懂嗎？」張東升深深地低下頭去，他知道，自己真的應該好好反省了！

張揚之所以沒被辭退，與他平日的進修有莫大的關係，而張東升的失業，則和他平時貪圖安逸有絕對的關係。其實，失業並不可怕，關鍵是要在失業後正確面對現實，並積極去尋找下一份新工作。對於很多失業者來說，要真正做到這一點很不容易。但是你別無選擇，因為你至少要找到一份工作來維持自己的日常開銷。

身陷失業逆境時，你該如何自處呢？請首先做到以下幾點：

①盡可能迅速地從失業的陰影中走出來；

②檢討在以前的工作中積累的經驗，同時思考在將來的工作中該如何改善；

③將全部精力注入對於新工作的尋找中，充分利用前公司提供的推薦信；

④一定要時刻提醒自己，保持積極樂觀的態度；

⑤多參加政府和就業輔導部門舉辦的就業訓練，盡可能把握住就業的機會，多多留意報紙廣告、網路等媒體登載的招聘資訊。

失業之後要勇於開拓新路，要相信只要肯付出，腳下都是路。

第二章 要求「實」利益，先做「真」人才

主動實習為求職加籌碼

一些大學畢業生找工作屢屢碰壁，究其原因，主要還是理論知識有餘而實踐經驗不足。

在市場競爭日益白熱化的今天，絕大多數企業所需要的，並不是單純的理論型人才，而是能夠在第一時間解決實際問題，為公司創造效益的「千里馬」。對於職場新人來說，具備一定的工作經驗十分重要。

既然公司都看重工作經驗而並非僅僅是學歷，那麼，剛走出大學校門的畢業生，在校園裡學習了整整四年，上哪兒去要工作經驗呢？面對很多招聘啟事上關於工作經驗的硬性要求，他們只能嘆息。

可是，事情並非都是一種結局，同樣是剛畢業的大學生，有的人就能夠輕鬆突破工作經驗的「瓶頸」，輕鬆找到滿意的工作。如果仔細分析的話，其中的奧妙不難發現，那些能順利找到好工作的畢業生，普遍具備一個共同的特點：在校期間都有過豐富而系統的實習經歷，還沒畢業就已經積累了很多工作經驗。相反，那些找工作接連受挫的畢業生，幾乎都沒有把參加社會實踐當成一回事，常常認為那是耽誤學業的「不務正業」，即便是學校統一安排的實習任務也只是「敷衍」，因而喪失了增加自己實際工作經驗的機會。

古人曾說，「紙上得來終覺淺，絕知此事要躬行」，不僅要「讀萬卷書」，更要「行萬里路」。如今的大學生，可能讀了很多書，但是走過多少路呢？如果你準備啟程的話，那邁出的第一步就是實習。

當然，實習也不能一概而論，不同的專業實習的形式也不一樣。由於專業上的差異，每一種實習形式都是根據其專業情況而定的。

1. 師範類

這主要是針對師範學校的大學生而言的。師範類的大學生在校期間，一定要去本校的實習場域——定點學校親身體驗。不僅要上台講課，還要學習一些班級管理方面的知識，以及相應的組織工作經驗。師範類的大學生只有經過這樣的實習，才會切身體會到當老師的辛苦，在學生面前，你的一言一行都要謹慎小心。這能為你將來正式走上講台奠定良好的基礎。

2. 製造類

這類專業的大學生多半是不用為實習傷腦筋的，因為大部分的理工類院校都擁有自己合作的實習工廠，專門為自己學校的學生提供實習鍛煉的機會。這類專業的大學生應該主動多參加這樣的實習活動，既可以提高對本專業的興趣，又可以切實提升自己的動手操作能力，為將來找工作增添貨真價實的籌碼。

3. 法學類

這類專業的大學生可能比較辛苦，因為實習機會通常不容易爭取得到。不管是到法院、地檢署還是到普通的律師事務所，要想提升自己的業務水準，必須做到眼勤手快，多找機會與指導老師、資深律師接觸，一起處理案件。雖然不會有單獨辦案的機會，但是比整天待在教室裡啃書本知識要有意義得多。看得多了，以後做起工作來才會輕車熟路，得心應手。

4. 銷售類

這主要是針對市場行銷專業的大學生而言。這類專業的實習尤為重要，是一個最能體現理論和實踐緊密結合的專業。在書本上學到的銷售技巧和行銷理念，若不經過實踐的檢驗，永遠都是死知識。到職場上，這些死板的知識不會為你帶來客戶和銷售業績。所以，這類專業的大學生要多參加實習實踐。不管是哪種形式，即使是在大學宿舍裡推銷學習用品或生活用品，也是寶貴的實踐經驗。銷售類學生的實習看起來很顛簸，但是可以瞭解第一手的市場資料，而且還能賺些零用錢貼補一下自己的生活。

5. 國際貿易類

這類專業的實習比較受限制。大學期間專業課程非常多，實習時間相對較少。而且，國際貿易專業的學生一般都是要到外貿公司實習，而由於這類企業的管理制度比較嚴格，所以想得到一個實習機會並不容易。不過，天無絕人之路，這類專業經常會有學校舉辦的模擬商務談判等活動。如果能好好把握這樣的機會，也同樣可以起到實習的作用。先進行預演，畢業後再真刀真槍地實戰。

實習對於大學生來說是一個絕好的鍛煉機會，大部分的學生對實習報酬都不太在意。據一項調查顯示，有八成的準畢業生表示，如果找不到帶薪的實習單位，即使無薪也願意接受。可見，大學生對實習的重視程度有多高。實習的目的很明確，就是為了將來找工作的時候，能夠為自己的履歷添上至關重要的「工作經驗」，為成功求職增加籌碼。

對於企業和大學生來說，實習是一件雙贏的事情。大學生可以利用實習機會學習自己將來在職場中可能用到的各種技能，理論聯繫實際，加深對專業知識的理解，打好基本功。而企業的好處則更明顯，一來可以通過使用實習生降低運營成本，二來可以從各方面考察實習生，從而為將來的正式錄用降低風險，為企業篩選長期的戰略性儲備人才。

成功只需比別人快半步

偉大的成功學大師卡內基曾經總結過一段話，對職場新人具有很好的指導作用。他說:「世界上有兩種人將永遠一事無成，一是除非別人要求他去做，否則，他絕對不會主動去做事的人；二是那種即使別人要求他去做，也永遠做不好的人。而與這兩種情況截然相反的，那些不需要任何人催促就會主動把事情做好的人必定會走向成功。」

有時候，成功其實離你很近，觸手可及，你只需要比別人快半步就可以了。遺憾的是，很多人發現不了這半步的距離。

有一家大型企業需要招聘一名技術主管。幾十個求職者經過幾輪的篩選，到最後，只剩下了小王和小李。招聘人員感到很為難，因為這兩個人無論是從畢業院校、技術水準，還是為人處事的能力等各方面都很優秀，難分伯仲。

就在等待結果的幾天時間裡，小王主動出擊，給公司的相關負責人打了個電話，在電話裡，他詳細表達了自己對這家公司和這個職位的嚮往，並且簡單列舉了自己能夠勝任的理由。同時還發了一封郵件，裡面有自己在學校時候發表的各種論文、導師的推薦信，以及對這個職位的一些認識和上任後的工作計畫等，非常詳盡。

結果沒有絲毫懸念，正是由於小王的主動出擊，先下手為強，公司最終決定錄取了他。小王只是比小李快了半步，但是卻得到了完全不同的結果。

在職場中，那種有什麼事總能跑在別人前面的人，往往能獲得更多的機會。

馬曉芳畢業於一所不知名的大學，很長一段時間都沒有找到合適的工作，最後不得不到一家廣告公司做一名臨時員工。雖然是臨時的，但馬曉芳很珍惜這來之不易的機會，並沒有因為身份「特殊」而怨天尤人、消極怠工。相反，她每天都是以飽滿的熱情投入到工作中去，在做好自己本職工作的同時，還不忘幫同事做一些力所能及的事情。她時刻提醒著自己，一定要通過自己的努力，得到主管的賞識，成為一名合格的正式員工。

為了這個近在眼前的目標，馬曉芳在努力工作的同時，還認真瞭解了公司的歷史背景、企業目標、組織結構、經營方針，以及銷售策略和品牌資源等各方面的情況。她從不把自己當成一個臨時員工看待，在老闆向那些正式員工下達任務的時候，她都會積極主動要求承擔一份，並且按照正式員工的標準嚴格要求自己。

其他同事都不理解她這種「吃力不討好」的行為，辛辛苦苦，主管又看不見，太傻了吧。可馬曉芳從不辯解，認為自己既然是公司的一員，這些工作就是「分內之事」，「盡力去做好」是理所應當的。

馬曉芳還有一個好習慣，喜歡把什麼事情都提前準備好，常常在前一天就會把第二天所需要的資料準備妥當。時間一長，公司主管發現了馬曉芳的「與眾不同」。看到這樣一個時員工能有如此的工作態度，很受觸動，於是馬上將她轉為正式員工，並且任命她擔任總經理助理，負責打理總經理工作上的一些日常瑣碎事務。

在現代職場上，無論哪個老闆，肯定都喜歡做事情積極主動的員工。這樣的員工就像馬曉芳一樣，無時無刻都以高標準來要求自己，設身處地為公司的發展著想，能充分發揮自己的主觀能動性，發現工作任務，並且自動自發地完成。

有成功潛質的人，都有一個共同特點，那就是總比別人多付出一點，積極主動為自己爭取更多的工作機會。只有讓別人感覺到了自己的努力和責任心，尤其是讓老闆看到自己所做的工作比「分內」的工作要多得多，那麼加薪和晉升的機會自然就會降臨。

主動的員工，總是會比別人快半步，總在想著能為這個集體多做點什麼。微軟總裁比爾·蓋茨對這一點深有體會，他認為：「什麼是一個好員工？很簡單，就是那些能主動做事的人，積極主動提高自身工作能力的人。這樣的人，根本不需要主管的催促和別人的監督，不用任何外來的強制手段去激發他的主觀能動性。這種可貴的品質是發自內心的。」

身為公司的一分子，你應該懂得「大河有水小河滿，大河無水小河乾」的道理。不要只顧眼前的蠅頭小利，僅僅局限於完成主管交代下來的工作任務，而要真正地站在公司的角度上考慮問題。你還能做些什麼？積極尋找自己能勝任的事情，主動完成額外的工作任務，這才能為公司創造更多財富，同時也使自己的能力獲得提升。

機會是總是青睞那些有準備的人。俗話說「早起的鳥兒有蟲吃」，很多人習慣了等待，無形中，自己已經把成功的機會關在了門外。「守株待兔」的僥倖心理要不得，現代企業的發展也不能容忍這種消極等待的心態。

在競爭激烈的社會中，落後就要挨打，被動也要挨打。只有主動出擊才有可能佔據先機。所以要行動起來，隨時隨地發現機會，把握機會，展現自己過人的工作能力，在職場中開拓出一片自己的廣闊空間。

學歷不過是門票，實力最重要

人們通常所說的「學歷」，指的是狹義的、具有特定意義和價值的「學歷證書」。它代表的是一個人最後也是最高層次的那一階段的受教育經歷，經過國家相關教育部門考核通過，並以文憑的形式予以認可。

在如今競爭十分激烈的職場中，學歷的作用已經越來越淡。學歷，不過是一張門票而已。

一些剛畢業的大學生，尤其是名牌大學畢業的大學生，往往會自恃學歷高、牌子硬，在工作中總是挑三揀四、抱怨不斷，因而在職場上四處碰壁。其實，學歷的高低，與你在企業的發展並沒有直接的因果關係，學歷高並不代表能力就高。

作為一個職場新人，不要因為自己擁有一張漂亮的文憑，就覺得自己「屈才」了，覺得企業虧欠了自己，不切實際地要求更高更好的薪酬待遇。

要知道，企業付給你薪酬的多少，並不是由你的學歷決定的，而是與你為企業所做的貢獻直接相關。不要期望僅靠一紙證書文憑就可以獲得加薪和晉升，就可以獲得更廣闊的發展空間。在企業中處於什麼樣的位置，這要看你具有的工作能力和業績，與學歷的高低沒有直接關係。

學歷和能力的關係在英特爾公司得到了最完美的詮釋。在英特爾這樣的一個國際化大公司裡，員工的升遷，從來就不把學歷當成一個參考標準，學歷只是在一個人剛進公司的時候用作參考。

英特爾公司在招聘新員工的時候，由於人力資源部的招聘人員對每位新員工都缺乏了解，也不知道他們到底能為公司創造多少價值，所以只能通過學歷高低來確定新進員工的薪酬標準。但是從此之後，每個人的升職加薪就完全取決於其自身的貢獻了。

有的研究生剛進英特爾的時候可能風光無限，工資待遇很高。但是經過一段時間的實踐驗證，他的能力並不像想像中的那麼強，那麼他的工資就會毫不客氣地降下來。而相反，一些大學生剛進公司時並不起眼，工資待遇也很低，但是他們經過自己的努力，在工作中取得了驕人的成績，那麼他們就會很快得到提升，工資待遇也會翻倍。

不按學歷評定一個員工的優劣，這就是英特爾公司的優良傳統。現任的英特爾首席技術官基辛格就是一個很好的例證。基辛格剛進入英特爾時，只有 18 歲，沒有接受過高等教育。但是他的技術非常出眾，所以得到了很多次晉升的機會。他不僅刻苦鑽研業務，更不忘加強自身的學習。工作期間，他先後讀完了大學和研究生課程。在博士生一抓一大把的英特爾公司，基辛格這樣一個草根，卻偏偏當上了首席技術官，同時還兼任英特爾架構事業部的副總裁。

高學歷的職場新人連連受挫的原因幾乎都是由於過度自信、對學歷的盲目迷信和過分認同造成的。近些年來，這種現象已經隨著研究生就業競爭的日趨激烈而有所改變。很多人已經從過去手持一張文憑吃遍天下的美夢中清醒過來。

小趙是某名牌大學的碩士研究生，畢業後來到女朋友工作的城市。他想憑著自己過硬的學歷，找到一份優越的工作，使兩人過上幸福美滿的生活。所以他把求職目標鎖定在這個城市。

可一切並非想像中的那麼容易，老天就好像故意和他作對一樣，半年時間過去了，他先後參加了十幾場大型就業博覽會，投了一百多份求職履歷，每天關注報紙和網路上的招聘資訊，可工作一直杳無音信，好不容易有幾家成功的，可到了那裡連試用期都過不了就被辭退了。

看著女朋友焦急的眼神，小趙也不知道該如何是好了。十幾年的寒窗苦讀，到頭來卻連工作都沒有，所有的驕傲和自信都被一點點磨滅了，心情低落到了極點，幾近崩潰的邊緣。

從小趙的經歷可以看出，學歷的作用其實很有限，關鍵還是要靠自己的能力。那麼，如何才能跳出「學歷」的怪圈呢？可以從以下三個方面來做：

1. 規劃好自己的未來

現在企業關注的是員工的綜合素質和工作能力。學歷只是一個載體，它承載了你過去對職場和人生的投資。職業規劃是一份很好的投資指南，想做什麼？能做什麼？想成為什麼樣的人？自己的優勢和劣勢是什麼？認清自我是做好規劃的關鍵，可偏偏有很多職場新人沒有認識到這一點，以至於把自己的職業規劃弄得亂七八糟，不切實際。

2. 突破自我，放低姿態

企業在招聘時，通常都會考慮到用工成本的問題。高學歷者的用工成本一般相對要高一些，當然，企業對高學歷者的能力要求也會更高。也就是說，高學歷者進入企業的門檻其實更高、更難。在職場中，不管你的學歷有多高，首先要把自己的姿態放低，認真積極地去完成每一項工作，充分表現出自己是真正熱愛這份工作的，並且絕對有實力去做好它。

3. 找準自己的職業定位

一般來說，工作和個人之間有三種適配情況：①能力和工作相適應；②高才低就；③低才高就。無論哪種情況，無非是兩種結論：起點決定論和學歷決定論。在人才觀念還沒有徹底改變之前，低學歷仍然是畢業生的就業障礙之一。但無論如何，學歷只是職業生涯的一張門票，它與以後的工作表現和職業發展並沒有太大關係，關鍵是要找到適合自己的職位，並在這個職位上堅持不懈地努力。

在面試官眼中，證書並不代表水準

雖然各種各樣的職業證書，在畢業生求職過程中能起到一定的作用，一些經過市場檢驗的證書，也的確證明瞭求職者曾經為之付出的努力，並在一定程度上反映出求職者的專業水平。但是，證書永遠只是求職路上的一塊敲門磚而已。

隨著時代的進步，那種文憑與證書決定一切的時代已經結束了。當前，相當多的企業對這些資格證書根本就視而不見，或是充其量當成一個無關痛癢的參考依據。企業更看重的是求職者的實際操作能力和綜合業務素質。

小劉是某大學經濟管理專業的畢業生。在一場大型的就業博覽會上，他拿著履歷和一大堆證書卻到處碰壁。

早在大學期間，小劉就聽說當前的就業形勢十分嚴峻，而自己的學校和專業也不具備什麼優勢，為了將來有個好的出路，小劉的大學四年幾乎都是在考證中度過的，考證成了他大學生活的主要組成部分。除了學校要求的英語證書和電腦證書之外，他又自學了好幾門專業課程，並參加了各種各樣的訓練和考試，不敢有一點懈怠。最終，臨畢業的時候，他成功得拿到了教師證、英語證、電腦證、導遊證、會計證等十幾個證書。

雖然琳琅滿目的證書看起來非常專業，但是這跟他自己所學的專業——經濟管理並沒有多大聯繫。他在就業博覽會上應聘的職位也是五花八門。小劉似乎走入了一個求職怪圈，如果單憑專業找工作，一是就業面窄，二是專業知識不扎實；如果單憑證書找工作，顯然又競爭不過本專業的畢業生。所以，證書最終成了雞肋。

大學生報考各種專業的資格證書本身並沒有錯，在就業壓力之下，擁有多個資格證書確實可以證明你擁有「多技之長」。但是，有句古話叫「樣樣通，樣樣鬆」。很多大學生直到參加工作後才明白一個道理：理論和實踐完全是兩回事，與其把時間和精力都投入到考證上，還不如多參加社會實踐。

陳建大學畢業的時候，手裡除了一個畢業證和一個英語證書外，其他什麼證書都沒有，但是這並沒有妨礙他成功地進入一家企業工作。沒有那些額外的證書，並不代表陳建在大學期間不求上進。他覺得，既然在大學裡學習的是專業知識，就應該有自己的長遠規劃和目標，應當拋棄那些死板的應試教育，不能為應付考試而學習。

陳建認為，自己考試考了十幾年，可到最後對將來的就業形勢和社會環境還一無所知。為了更早融入社會，他和幾個同學自發組織了多次校外實習活動，有時也會向一些成功的企業家請教。這種實習和交流讓陳建學到了很多經驗。他還曾經嘗試自主創業，在業餘時間與同學一起做些小生意，提升自己的實踐操作能力。大四的時候，與其他同學托關係混實習不同，他自己聯繫實習單位，因為這樣真刀真槍的實習才會收到預期效果。

畢業後找工作的時候，他也曾因為沒有英語證書而被拒絕，甚至很多人嘲笑他不識時務。但是，最終他還是成功了，找到了讓所有人都眼紅的工作。陳建用事實證明瞭一個道理：即使沒有那些琳琅滿目的證書，他依然是個強者。

在面試官眼中，每一個求職者都大同小異，尤其是那些剛畢業的大學生。面試官們一般都是通過求職者的履歷、證書和簡單的溝通對話去考察一個人的綜合素質和專業能力。但是，這並不能說明幾張證書就可以為一個人「驗明正身」。言談舉止間，求職者要用抓住一切會讓面試官看到你的能力和潛質，這才是最好的求職「證書」。

學習用他人的經驗來充自己的電

新公司、新環境、新同事——職場新人面對新的工作職位，常常是「初來乍到摸不著頭腦」。該怎樣迅速融入公司團隊？該怎樣在職場中站穩腳跟？該怎樣彌補自己的知識盲點？

職場新人在工作中要將自己定位為一名學習者，虛心向身邊的同事討教，學習別人的經驗，提高自己的能力，隨時充電。

運用「吸心大法」學習別人的經驗，可以隨時隨地地進行。運用「吸心大法」有一個關鍵點，即要把姿態放低，把心態放平，虛心向優於自己的同事學習。

鄭曉軍是某公司的業務主管，星期天和幾個同事一起去郊外釣魚。到了水邊各自下好釣鉤後，開始等著魚兒咬鉤。可是鄭曉軍很納悶，看著同事那邊接二連三有所斬獲，可自己這邊卻一直不見開張。

有心過去請教，可轉念一想，自己好歹是他的上司，他的工作能力也比不上自己，向他請教問題太丟面子了。悶悶不樂地釣了一天，結果是顆粒無收。

最後離開的時候，鄭曉軍實在是忍不住了，於是問那位同事：「我們都在同一個池塘下鉤，離得又不遠，使用的魚竿都是一樣的，甚至連誘餌也是一樣的，可為什麼你能滿載而歸，而我卻吃了『鴨蛋』呢？」

同事聽完，笑了笑說：「剛開始的時候我就想跟你說，可是見你沒有反應，怕你多心，所以就沒主動告訴你。其實，我釣魚也沒什麼訣竅，只是在釣魚的時候，最大限度地保持安靜，不僅手不動，眼睛不眨，連心跳也降到最弱了，這樣，魚兒根本就感覺不到我的存在，所以我才會頻頻得手。而你呢，在釣魚過程中一直焦躁不安，眼睛緊緊盯著魚漂，稍有動靜就馬上起杆，這種打草驚蛇的動作不把魚嚇跑才怪呢！」

在職場中，也包括我們的日常生活中，像鄭曉軍這樣的人非常多。明明知道自己技不如人，可就是「死要面子活受罪」，不肯拉下面子向別人學習。其實，敏而好學，不恥下問，多向比自己強的人請教，並不是什麼丟人的事兒。相反，這種謙遜的態度會贏得別人的尊敬。

人生有三分之一的時間都是在工作，這就意味著，你的一生中有三分之一的時間是和同事在一起度過的。如果好好利用這些時間，擺正自己的心態，多學習他人身上的優點，彌補自己的不足，隨時隨地充電提高，這樣才能不斷進步，才能實現自己職業生涯規劃的目標。

在工作上，每個人都有自己獨特的捷徑。對於職場新人而言，取得進步的最大的捷徑就是向他人學習。虛心接受同事和主管的意見和建議，能讓自己少走很多不必要的彎路。

當局者迷，旁觀者清。從別人或成功或失敗的經歷中，也會發現自己的不足。多向比自己優秀的人學習，吸取別人的優點，改正自身的缺點，這樣才能即時發現自己工作中有待完善的地方。積極學習他人的工作技能和經驗，使自己的工作能力和效率得到迅速提升。老闆也會很快發現你這個人才。

為此，要努力做到以下幾個方面：

（1）要想獲得能力的提升和同事的認可，職場新人必須對自己有正確的認識。積極學習，處處留心，多聽、多看、多想，時刻保持著謙遜的學習態度，學習別人豐富的工作經驗和嫻熟的業務技能。

（2）通過一些小事，和同事搞好關係，多發揮自己的特長。「物以類聚，人以群分。」基於相同的愛好，在業餘時間裡，你也就有了和同事們一起溝通的可能。長此以往，和同事之間的友誼才會加深，從而也方便你向他們學習。很多東西是在學校和書本上學不到的，真正的工作能力是在實踐中鍛煉出來的。

（3）「人無完人，金無足赤。」每個人都有不足，但你先要明白自己的不足在哪裡，然後才能做到有的放矢地去完善自己，才會知道自己應該跟什麼人學習哪方面的內容。找準學習點，才會產生理想的學習效果。

（4）付諸行動才是關鍵。學習他人的經驗和工作技巧並不是一句空話。只停留在口頭上說卻不付諸行動，就像一隻只會在籠子裡亂叫的小鳥，而不是一直翱翔於九天的雄鷹。

學習別人的經驗除了要虛心、積極、主動外，還要掌握適當的方法和時機。職場上，大家都各自忙著自己職位上的事情，職場新人可以主動要求幫同事分擔一些「分外」的工作，然後有什麼不明白的地方可以直接向他請教。不過要注意請教的時機，不要在他最忙的時候跑去問他，因為他此刻沒有足夠的時間為你講解。

儘管藝多不壓身，但在知識爆炸的現代職場，也沒必要樣樣精通。只有術業有專攻，才能真正做到學以致用。每一個職場人都是從新人開始的，要不斷地積攢實力，學習別人的經驗，為自己充電，這樣才能讓你更快的成長。

「工作經驗」和「工作經歷」哪個更重要

很多人會把經驗和經歷這兩個詞混淆。甚至有的用人單位也會問出「你有幾年工作經驗」這樣的問題，其實從嚴格意義上來講，這種說法是不專業的。正確的說法應該是「你有沒有相關工作經驗」或「你有幾年相關工作經歷」。

「經驗」是一種理論概括，是人們對工作和生活中所經歷的人、事、物的一種認知總結。這種總結將會對以後的工作和生活產生重要的指導意義，並在不斷的實踐過程中得到更進一步的完善和提高。

而「經歷」是指一種過程。例如說某個人一輩子經歷了清朝末年、民國時期、抗日戰爭等幾個歷史時期，這就是他的人生經歷。從這些人生經歷中總結出來的一些認知和感悟就是他的人生經驗。

就職場來說，「工作經驗」和「工作經歷」也不是一碼事，不可混為一談。「工作經驗」是指你在從事某種工作的過程中總結的工作方法和技巧，以及同事之間的協調合作方式等；而「工作經歷」則是指你從哪一年開始就業的，都從事過什麼工作，並且取得了什麼樣的成績等一系列內容。

學歷不等於能力已經成了一個公認的事實，但經驗和經歷的區別還有很多人理解不了。現在的公司，幾乎在面試的時候都會問到工作經驗的問題，其實，工作經驗固然重要，但比工作經驗更重要的是你的經歷。從小處說，工作經歷越豐富，你對新事物的認知面就越寬；從大處說，人生的經歷都是一筆寶貴的財富，也是你跟別人最大的不同之處。

葉小綱教授在一次接受採訪時說：「我認為人生的經歷比工作經驗更重要。現在很多躋身演藝界的年輕人，有工作經驗但沒有人生經歷，作為一個藝術家是很不夠的。」

當他被問到作為一個音樂家，創作的基礎是什麼時，他從容地回答說：「應該說，在之前我的人生經歷和藝術經歷就是最實在最充分的準備……其實，我喜歡那種在鄉野山河間心靈自我放逐的感覺，我喜歡那種前不著村後不著店的感覺。出差時所經歷的很多地區經濟水準差異很大，讓我想到了小時候很多不開心的經歷。」

現在的職場人，尤其是職場新人，所缺乏的就是這樣一種對經驗和經歷的正確認識。那麼，我們該如何來正確認識自己的經驗和經歷呢？

1. 要正確理解「工作經驗」和「工作經歷」的內涵

如果說「工作經驗」只是指一個人對某項工作在操作流程上的熟練程度，或是對工作中經常出現的問題的處理能力和應變能力，或是對這個行業的瞭解和認識程度等，那麼，這種認識只是很膚淺的瞭解罷了。在背後支撐這些東西的正是「工作經歷」，它是「工作經驗」的源頭。就像平常看書一樣，只是知道書的內容梗概是不夠的，重要的是要瞭解書的內涵，這才是對知識的完全掌控。

環境和經歷會慢慢改變一個人，在平常的工作當中，一個人會經常受到企業的文化薰陶，再加上工作性質、責任範圍等要素的影響，與同事之間的合作，與主管之間的交流，融合了自己的特性之後，會慢慢造就一個人獨特的職場氣質、技能水準等。

但是在職場有一個很奇怪的現象，兩個人有相同的「工作經歷」，卻不一定有一樣的「工作經驗」。這是因為「工作經驗」不僅與你的「工作經歷」有關，還與你的主觀能動性緊密相連。把一些從工作經歷中得到的知識和經驗用於指導自己的工作實踐，以完成更大、更艱巨的工作，並將其歸納到自己的知識和思想寶庫中。從實踐到理論，然後再從理論到實踐。也就是說，一個人的工作經歷能不能轉換成寶貴的工作經驗，還要看他的學習能力、思考能力和總結能力。

2. 需要對自己有一個清晰的認識

「經歷」只能說明你的過去，很多公司要求求職者填寫「工作經歷」這一欄，其實這只是一個假像，公司想要知道的是這些資訊背後的東西，即考察你將「工作經歷」轉換成「工作經驗」的能力。

在應聘的時候，填寫這一欄必須非常慎重，要經過認真的思考，仔細填寫，而並不只是將以往工作過的企業、職位簡單羅列。你需要想辦法將自己的優勢和經驗在這些資訊中體現出來。也許面試官在面試的時候，會問一些令你一時不知所措的問題，對有些問題的回答，求職者事後常常會覺得不滿意，感到很懊惱。為什麼同樣或者類似的工作經歷，應聘成功的卻是他人呢？如果是這樣，你是否會覺得永遠邁不過新人這一道坎呢？

人生的經歷是很珍貴的，而其中的「工作經歷」則更加珍貴。你是否已經將這種經歷升華到了經驗的層面，是否對自己的優勢劣勢、個人特質和工作能力，以及職業規劃和興趣愛好等做過全面剖析？

清醒並全部地認識自己，這是每一個職場人在個人成長過程中的必修課，也是在競爭激烈的社會中獲得生存和發展的前提。雖然這些認識往往會受到個人的成長環境、專業知識、人生閱歷等因素的影響，使得這一課程的週期十分漫長，需要消耗很多的時間和精力。但即便是這樣，你依然要努力去完成。

比經驗更重要的是自己的經歷，善待你的那些經歷，不管是苦難的還是歡快的，都是獨一無二的財富。並且，你要學會駕馭這些「財富」的訣竅，從而創造更多的人生財富。

打造個人魅力，吸引「貴人」相助

什麼是個人魅力，用一句很有趣的話說來就是：「很多人之所以成功，是因為他們看上去很像成功人士。」

很多人有著非常優秀的工作履歷和業績，但就是一直晉升不到自己追求的理想職位。其中的原因，恐怕就是缺乏個人魅力的原因了。

個人魅力在履歷裡是體現不出來的，只有從面對面的交流中才能感覺到，那種從內到外透露出來的氣質是一種只可意會不可言傳的東西。

你可能並不帥氣、並不漂亮，但照樣能在第一時間吸引周圍異性的眼光。不管是在多麼嘈雜的環境中，不需要過多的語言和動作，僅憑一個迷人的站姿、一個會心的微笑，或是一個不經意的轉身就能吸引所有人的注意，這就是個人魅力。

個人魅力，有些人似乎是天生的，自然條件較好，自身不用怎麼訓練就很有魅力。但大多數的人都需要後天的培養和學習。

不過，在職場中，除了個人外在的形象要求外，敬業和責任感是必須具備的兩大基本要素。只有做到這兩點，你才會得到別人真正的尊重。具體說來，可以從三個方面加以培養修煉：

1. 要會微笑，塑造屬於自己的職場形象

表現個人魅力是一件很輕鬆愉悅的事情，所以一定要會微笑，這樣才會使你的言行顯得充滿活力和親和力。職場形象的塑造與個人的成長背景、價值觀、性格等方面有著深刻的聯系。有的人詼諧幽默，有的人沉著冷靜，有的人熱情大方。無論哪種職場形象，都各有千秋，但成功的職場人都有一個共同點，那就是微笑待人。

美國的著名成功學大師拿破崙·希爾曾講過一個切身的經歷。由於他本人對上門推銷比較反感，每天拒絕的推銷人員不計其數。但是有一天，他見到了一位女士向他推銷一款產品，這位女士的表現讓他竟然無法拒絕，最終欣然接受。

兩人剛一見面，這位女士就給了他一個非常友好的微笑。希爾出於禮貌，也或許是受到了感染，也回報了一個微笑。接下來，兩人握手，女士的握手很特別，力度拿捏得很好，極富親和力，希爾再一次被打動。

最後，這位女士拿出了希爾的小說，說她正在拜讀他的大作。到這時候，大名鼎鼎的拿破侖·希爾被 徹底征服了。

微笑就像是一把萬能鑰匙，能夠開啟人與人之間塵封的心扉。「微笑的樣子」是眾多功者的標誌性表情。職業規劃師認為，當你用心去關愛周圍的人，臉上的笑容自然就會親切、自然、友善。而這種感覺也會不自覺地感染

周圍的每一個人，讓所有人都感到幸福快樂，那麼你也就成為職場最受歡迎的人，在別人眼裡，你的魅力無限。

2. 堅持你的職業道德

職業道德是人們所有職業活動中所應當遵守的行為準則的總和。它既是企業對員工在工作中的行為要求，同時也是一個人對社會所應承擔的責任和義務。一個人無論從事什麼樣的職業，無論是一種什麼樣的職場形象，良好的職業道德都是必備的前提條件，否則就會一事無成，更別說展現個人魅力，得到別人尊重了。

在所有的職業道德中，誠信是重中之重。遵守法律法規是人們的立身之本，始終以誠信的方式接人待物，是一個人或一家企業成功的基石。

3. 富於同情心和幽默感，學會聆聽，讓別人感到自己的重要性

一個具有個人魅力的人，必定是一位認真可靠的聆聽著，他會全心投入地聽你嘮叨，在關鍵時刻提出一些自己的看法，而且，你絕對可以放心，你所說的一切他一個字也不會說出去。這樣的人，往往妙語連珠，給人一種在同一個戰壕裡摸爬滾打的感覺，讓別人覺得特別可信賴。

當然，個人魅力並不是決定事業成功的唯一因素，但它是一個企業內部強大的黏合力，可以潛移默化地影響其他人。個人魅力一旦塑造起來，在職場中會產生許多積極的效應，它會為你的職業發展建立良好的人緣基礎，吸引到「貴人」助你一臂之力。

有句話說，「職場拚的是人脈」，能好好建立你的人脈網路，並能很好駕馭這種資源，那你就離成功不遠了。到底誰才是你的「貴人」呢？常有人說「貴人」的緣分是可遇不可求的，它是隨著機遇的到來而到來的。這種想法很消極。

「貴人」會在適當的機會來幫你，肯定有他自己的原因。他從發現你，到幫助你，再到最後成就你，那他肯定覺得你是一個可造之才，而不是一段

不可雕的朽木。換句話說，也就是你身上的某種品質或者說個人魅力打動了他。

抓住「貴人」，並不是拉幫結派套近乎。作為一個職場新人，這種舉動無疑是在玩火。你的任何一個單純的行動，都可能因為與職場經驗的巨大出入，而被人理解為不識時務。所有新入職場的人，都應該暫時忘掉自己的好惡，你只需將形形色色的人交給你的工作做好，機會自然就會越來越多，你離「貴人」也就越來越近。有誰不喜歡一個可以托以重任、有責任感、有人格魅力的職場新人呢？

在每一個職業階段，你都會遇到各式各樣的人，把自己完美的個人形象呈現給他們，那麼你遇到的每一個人都有可能成為你的「貴人」。

穩定，才能讓你增值

現在的大學畢業生，想找一份工作不容易，想找一份好工作就更難。原因很簡單，每年都有數以萬計的大學畢業生湧入職場，一張普通的本科畢業文憑已經不能證明你比別人強多少，最多，它只是進入職場的基礎條件之一。

很多企業的招聘人員只要一打開招聘郵箱，成百上千的求職履歷就會撲面而來，其中不乏名校的優秀畢業生。很多職場新人往往誤認為，跳槽被是自身價值增長的最快方式，不跳槽是沒有本事的體現。但是打過格鬥遊戲的人都知道，在使出具有殺傷力的絕招之前必須有個蓄力的過程。畢業時大家彼此都差不多，誰能體現更高的價值，三年後才能見分曉。現代職場並不缺少優秀的大學畢業生，缺少的是能夠心平氣和地穩定工作的優秀人才。職場新人應該懂得，厚積薄發才能實現自身價值質的飛躍，只有那些久經磨練、摒棄雜念、能夠抵擋誘惑的人，才是企業真正需要的人才。

有一家世界 500 強的大公司，招聘新員工時，對求職者的要求並不高，只要學歷、外語、基本工作技能大致過得去就行，薪資福利卻非常優厚。可是，有機會參加他們面試的人少之又少。那麼，一抓一大把的名校畢業生都哪去了呢？原來他們都被一個關鍵性的條件擋在了門外，這家公司有一項招聘條件是：必須在之前的公司做滿三年，並且是第一次跳槽的人，才有資格參加面試。用這個條件一篩選，符合條件的人就寥寥無幾了。

很多新人初涉職場的時候，由於覺得工作辛苦，各種環境和條件都與自己的期望相差很大，所以第一份工作的時間往往很短暫。可是越是這樣的人，在接下來的工作中就越沒有「長性」，從而使自己的履歷「花樣百出」，非常難看，自然也就讓企業的招聘人員「敬而遠之」。

對於職場人來說，拋棄雜念，安心工作，才能為自己贏得美好的未來。穩定很重要，很多職場新人都做不到這點。正是因為這樣，所以真正做到的人就很了不起。如果你在畢業後找到了一份不算太好但還過得去的工作，那麼就當作學習和歷練吧。不要覺得心不甘情不願，因為越是艱苦的工作越能給你歷練的機會。轉換一下思路，你會發現，通過工作實踐你不僅能得到知識，還能獲得收入，這比你花錢參加社會上的訓練或進修要幸福多了。

有些人為了謀求更高的職位、更高的薪水以及更大的發展空間頻繁跳槽，但時機的把握是否恰到好處，並不是每個人都能拿捏到位的。有不少職場人因為跳槽前後思考不縝密，破壞了自己職業生涯發展的連貫性，造成工作能力積累的斷檔，從而喪失核心競爭力。

小趙在朋友眼中儼然一位「跳槽大師」，才三年就換了無數個工作。最開始的時候，他在一所職業學校當老師，自詡高學歷、高素質的他幹了半年就不耐煩了，抱怨學校主管不懂得珍惜人才，課時費就那麼一點點。因為心理不平衡，所以小趙決定跳槽。

在接下來的兩年多時間裡，小趙一直在不停地換工作，從公司文員、網站編輯，到銷售代表、促銷專員，但沒有一個工作能堅持做下去。人際關係、收入水準、工作環境以及勞資關係等，都是他跳槽的原因。

頻繁的跳槽經歷，使小趙贏得了「跳槽大師」的稱號，也使他在身邊人的眼裡成了話題人物。豐富的經歷和侃侃的談資，常常讓一些不明真相的人對小趙羨慕至極。但事實證明，小趙跳槽跳得非常草率，由於頻繁跳槽，他其實喪失了很多積累工作經驗和積累人脈的機會。

金融危機到來之後，小趙再一次從一家公司倉庫保管員的位置上走了出來。原來，這家公司老闆為了開源節流，做出了集體降薪的決定。這自然引起小趙的不滿，於是他決定再次跳槽。然而，金融危機的大環境下，想找到一份工作並不是一件很輕鬆的事情，尤其是對小趙這樣的跳槽「慣犯」。漸漸地，小趙也發現自己已經沒有了當初那種競爭力。雖然工作經歷很豐富，可對每種工作來講，他都是「一瓶子不滿、半瓶子晃蕩」。看到自己以前的同事在各自原來的職位上逐漸做出成績，小趙心裡也隱隱地顯示出懊惱。畢竟，這條路是他自己走出來的。

對於剛畢業的職場新人來說，如果你現在已經擁有一份工作，那麼請你先安穩地做兩三年，兩三年之後才是你跳槽的最佳時機。職場新人一定要記住：穩定，才能讓你增值。

獨木不成林，合作精神很重要

任何一個成熟的企業都不是在孤軍奮戰，一個企業就是一個團隊。對於企業的發展，團隊中的每一個成員都在發揮著重要的作用。「眾人拾柴火焰高」的道理誰都明白，但是你否甘願充當眾多默默無聞的「拾柴者」中的一員，能否做到有效地與其他成員之間相互協調配合，這才是問題的關鍵。

在全世界的企業中，日本企業的團隊效率一直是有目共睹的。這跟日本人注重團隊協作以及溝通協調有直接的關係。

剛畢業的大學生在面試的時候，一般都會遇到一個重複率很高的問題，幾乎每個公司都會問「你是否具有團隊精神」，或是「你怎麼看待團隊協作」。這樣的問題回答起來沒有技術含量，但是這種問題的答案卻往往不是在一句話裡能體現出來的，它貫穿在你工作的每一個環節當中。

小劉是一家名牌大學的畢業生，懷揣著自己的夢想來到了一家外資企業應聘軟體工程師一職。憑著優秀的專業技術和靈活的頭腦，在初試和複試中一路過關斬將，從一百多名求職者中脫穎而出。然而與他一起走到最後一關的還有另外三個人，職位只有一個，他們四人還要經過最後一輪的較量才能決定誰走誰留。

最後一輪就是試用期實戰考核。在優越的工作環境和薪資待遇面前，四個人紛紛摩拳擦掌，使出渾身解數要爭取到這個職位。小劉也有自己的如意算盤，短短三個月的試用期，要想在高手之中最終勝出並不是一件容易的事，踏實苦幹的同時，還要加上巧幹。於是他不斷鑽研業務，在圖書館和網上查找相關資訊，提升自己的工作能力。

經過一段時間的努力過後，小劉發現這樣也不行，大家都在同一個起跑線上，自己能做到的，別人肯定也能做到，這樣自己的優勢還是凸顯不出來。為了能夠超過其他三個競爭者，小劉開始不斷向他們「虛心請教」，而當其他三個人向他請教問題的時候，他卻把自己的創意隱藏了起來，只是說一些大家都知道的普通資訊。小劉從來不覺得自己這樣做有什麼不妥，大家公平競爭，自己一沒有無中生有地詆毀他們，二沒有別有用心地進行人身攻擊，三沒有用錯誤的資訊資料誤導他們。這一切似乎都很符合情理，自己只是為了提升工作能力。

在三個月的試用時間裡，小劉的工作能力很被同事們看好，他也覺得這個職位非自己莫屬了。然而，當人事主管宣布結果的時候，著實讓小劉吃了一驚。他竟然被淘汰了，而其他三個人卻都被留了下來。看著小劉迷惑、不服的表情，人事主管告訴他說：「我們公司走到今天，最重要的原因就是我們有一支強大而且和諧的團隊。在這裡，高手固然重要，但能跟同事共同進步的人才是我們最想要的員工。」

小劉雖然失去了一個很好的工作，但他從中得到了一個重要的教訓，從某種程度上來說，得到的比失去的要珍貴得多。

團隊合作不是一句空話，也不是和同事之間的表面文章，而是一種心與心的交流。這樣的團隊才能強大，無往不勝。團隊是一個共同體，溝通是提高團隊核心競爭力的重要方法，而協調是保持團隊核心競爭力的重要手段。

在職場上，溝通是一種技能，更是一門藝術。美國二戰名將麥克阿瑟曾說：「溝通的目的不僅是增加瞭解，更重要的是避免誤解。」很多剛進職場的大學生像一隻刺蝟，沒辦法跟別人合作交流，過度自我，缺少團隊意識，總覺得自己完成了工作任務即可，沒必要再管其他的。他們始終沒有明白一個道理：你已經成了團隊中的一員，你所做的工作是整個公司的一部分，你有責任和義務與大家一起把整件事情做完。

那麼，怎樣才算做到有效地溝通呢？

1.「垃圾桶溝通法」

這個方法是一位跨國公司的總裁總結出來的，他年輕的時候給別人打工，因為沒有學歷和資歷，只是做一些倒茶水、倒垃圾的雜事。他想向同事們請教問題、學習英文、使用列印機，但是沒有人願意教他。有一次他在倒垃圾的時候突然悟到，如果學習別人喜歡的且正在做的事情，一般都沒有機會。與其這樣，那還不如從別人不喜歡做的事情學習，做一個知識的垃圾桶。

2. 多用問句

同事之間交流，最忌諱的就是使用祈使句。本來你沒有什麼惡意，但讓人聽起來就是感到不舒服。而軟性的家常話問句很能拉近同事之間的關係，促進交流。比如將「請你把這個檔案給我打出來」，改成「你現在忙嗎？可以幫我打這份檔案嗎？」同樣的一個意思，換一種方式，聽著就舒服多了。

3. 學會當一個聆聽者

很多人喜歡多說少聽，但如果一直滔滔不絕、口若懸河，會給人一種強勢壓迫的感覺。你應該耐心地聽對方把話說完，再發表自己的看法或是意見，即使你現在很忙，也要委婉地提醒對方，而不是貿然打斷。比對方多說話，並不能體現你有多能幹或是多有風度。相反，學會做一個耐心的聆聽者才是氣質的完美體現，別人也願意和你交流。

4. 從實踐中來，到實踐中去

提高溝通技巧，其實沒有什麼訣竅，就像學游泳一樣，無論看了多少理論知識，聽了多少專業的演講，可如果壓根兒就沒有下過水，還是學不會。大膽與人交流，收起你的羞澀，從實踐中尋找到溝通的快樂，最終才能在職場上如魚得水。

獨木不成林，放棄你的個人本位主義，不要妄想自己無所不能。相信你的團隊，並且能和這個團隊裡的成員協調合作，這是你事業成功的起點。

培養良好的工作心態和工作作風

有一個關於國王和乞丐的故事：一個權傾天下的國王富甲四海，妻妾成群，可每日還是鬱鬱寡歡。於是他就讓大臣尋找一個世界上最快樂的人，尋找快樂的祕密。大臣領命尋找了很長時間，終於找到了這樣一個人，可是讓國王感到意外的是，這個世界上最快樂的人竟然是一個乞丐。

國王很難理解，說：「你什麼都沒有，為什麼每天都那麼快樂呢？你想要什麼嗎？我都可以給你。」乞丐坐在台階上，連正眼都不看國王一眼，懶洋洋地說：「我親愛的陛下，你把我的陽光擋住了。」

其實國王和乞丐快樂與否的根本原因，並不是金錢、權利和美女，而是一種人人都有，但又是最容易忽視的東西——心態。

有一位哲學家說過一句名言：心態決定命運。話雖然簡單，但道理很深刻。人與人之間從所處的環境、受教育的水準和認知能力等各方面來說都大同小異，但往往就是一點「小異」，卻造成了巨大的差異。

「差之毫釐，謬以千里」，這句話用在職場心態上也是很適用的。所謂的「差之毫釐」就是指心態是什麼樣的，積極的還是消極的，平和的還是急躁的，「謬以千里」就是指成功和失敗的巨大差異。

每個人都是一個特定社會環境中的個體。一直以來，很多人都把自己的成敗得失完全歸罪於周圍環境。失敗了就說是環境不好，制約了自己的發展。

更為嚴重的是，他們會慢慢地將這種心態養成習慣。其實，環境是客觀的，沒有任何感情色彩和人為因素，發生改變的只是人的心態而已。在通往成功的道路上，心態是否良好，是直接影響你能否實現理想的關鍵。

剛步入職場的大學生，很長一段時間都擺脫不了校園環境的影響。意氣風發，心高氣傲，言談舉止間難免會常常流露出年少輕狂。然而，社會不是舒適的校園，即使你學歷再高、能力再強、學校牌子再硬，老闆也不一定會買帳。

王亮是一個沉默寡言、內向自信的人，從小到大在學校裡都一帆風順，無論是幼稚園還是大學，他都是班裡的尖子生，是老師寵著的一塊寶。父母對他的學業基本上就沒怎麼操過心。

王亮順利畢業後，順風順水地去一家網路公司上班。他一直自信自己是最棒的，大有初生牛犢不怕虎的氣概。到公司後對誰都看不起，和同事格格不入。主管把一些重要的設計任務交給他，他能做出來的就沾沾自喜，做不出來就認為主管是故意刁難。不僅如此，他還對其他同事做的工作「不屑一顧」，常常對其中的一些小瑕疵進行冷嘲熱諷。一段時間之後，同事對王亮的意見很大，他也越發表現得「特立獨行」，最後老闆只好請他「另謀高就」。

良好的工作心態和謙遜的工作作風，是在職場立足的首要條件。增強自我學習能力，多學習別人的長處，抓住一切機會給自己充電，這樣才能提升自己的競爭力。

一個成功的、有前途的員工，除了具備良好的工作心態外，還要注意克服以下幾種不良的工作作風：

1. 不注重公司文化的學習

企業文化是一個公司的靈魂。不管公司有沒有大肆渲染這些文化，它都是一個客觀存在的事實。每一個員工，尤其是新進職場的員工，首先要留意公司的企業文化，否則你永遠跟不上公司的節拍。

2. 搬弄是非，唯恐天下不亂

公司裡有時會有一些流言蜚語，東家長西家短。有些人非常喜歡談論這些子虛烏有的東西，不經意間，自己也就成了謠言中的一環。這些流言蜚語是職場中的定時炸彈和軟刀子，殺傷力極強。你可能是無心為之，但因此對同事造成的傷害是無法彌補的，而且時間長了，別人也會看不起這樣搬弄是非的人。

3. 實事幹得少，牢騷發得多

很多人在工作中總是喜歡扮演祥林嫂的角色，整天都是「怨天尤人」，見到誰都「訴說衷腸」。儘管有時候這樣的交流能夠拉近同事之間的關係，但若把這種行為當成習慣，時間一長，周圍的人將會苦不堪言。既然那麼多不滿，多說也無益，何不乾脆跳槽呢？

4. 得意時過於張揚，引人反感

在公司難免會遇到上司表揚或是晉升的好事，很多人在八字還沒有一撇的時候就喜歡飄飄然大肆宣揚。一旦消息散布開後，肯定會遭到某些人的嫉妒，甚至懷恨在心，從而帶來不必要的麻煩。得意時高興一下雖然很正常，但也要考慮一下別人的感受。「紙是包不住火的」，同樣，喜事也是包不住的，不用擔心，別人很快就會知道的。

良好的工作心態和工作作風只是你在職場通往成功的第一步，要想走向真正的成功，要必須具備另一項素質——責任感。

不要把自己只當作一個普通的員工，每月拿著固定的薪水，好像公司的發展於自己無關似的。「大河有水小河滿」的道理誰都知道，但關鍵是你能不能真正做到把公司當成自己的家。

有位企業家曾說，一個沒有責任感的員工是企業的蛀蟲，這種人不但不會為公司做出多大的貢獻，反而很有可能會拖公司的後腿。

劉妍在一家設計公司做文案，文筆很好，公司的所有文件報告幾乎都出自她手。但是，她總是不能全身心投入工作，缺乏責任感，上班時間，一有空就幹私活，私活收入常常是工資的數倍。而公司的事情則能拖就拖，能不做就不做，除非主管發話，否則根本就進入不了工作狀態。時間一長，老闆覺得劉妍對待工作心不在焉，已經嚴重影響了公司的員工士氣和工作安排，所以只好請她離開了。

心理學家研究認為：人的責任感是可以在平常生活中培養出來的。很多剛畢業的大學生個人功利思想嚴重，動不動就抱怨社會的不公平，抱怨自己的工作環境惡劣，沒有發展機遇，得不到老闆賞識和同事的認可。可就是不想想，自己應該為公司為同事多做點什麼。「唯有付出，才能有回報」，這個道理誰都懂，可自己為什麼就做不到呢？

容易遭遇職場「滑鐵盧」的 8 種人

大學生經過了從學校到職場的蛻變，不要以為已經羽化成蝶，從此可以高枕無憂了。馳騁職場就如同馳騁在沙場，象牙塔裡的種種臆想常常被血淋淋的現實撕扯地粉碎。一不留神，今天還是金戈鐵馬，轉眼間卻被告知要解甲歸田了。

據一項研究結果顯示，在 21 世紀人才湧動的職場中，有 8 種人在馳騁職場中將會遭遇諸多不順，隨時有被淘汰出局的危險。

1. 抱殘守缺、因循守舊

不要指望在學校裡花錢買到的知識能夠「護佑」你一輩子，抱有這種想法簡直是自尋死路。

在這樣一個資訊高度發達的時代，知識更新的速度已經遠遠超出了人的想像，或許只有幾天的時間，你發現自己已經 out 了。

近半個世紀以來，知識更新的週期越來越短，1960 年代是 8 年；70 年代縮短為 6 年；80 年代縮短為 3 年；90 年代，已經縮短為 1 年；而進入 21 世紀，1 年內更新數次，人類已經進入了知識爆炸的時代。任何一個人只有不斷學習，及時更新自己的知識庫，才能跟得上時代潮流。所謂「活到老，學到老」才是真正的終身教育理念。抱殘守缺、因循守舊的人遲早被淘汰。

2. 情商低下、不會做人

美國人有一個關於情商的絕妙比喻：當遇到事情的時候，理智的人會讓血液進入大腦，從而能夠冷靜地思考問題；而愚蠢的人會讓血液進入四肢，從而大腦缺血，舉動異常。

的確是這樣，當大腦供血充足的時候，你會頭腦清醒，才思敏捷，說話得體，舉止得當，讓每個人都感覺到很舒服。反之，當血液流向了舌頭和四肢的時候，大腦就會供血不足，你就會做出很多蠢事，要不就是費力不討好，要不就是「哪壺不開提哪壺」。這將會給你的職場生涯帶來很大麻煩。

在國外，有一句話廣為流傳：「靠智商得到錄用，靠情商得到提拔。」初入職場的大學生，也許面試的時候很順利，但最終在工作過程當中，能不能保持這種順利，情商是關鍵的一環。所以，在提升業務能力的同時，還要注意對自己情商的培養。很多單位都不缺能辦事的人，但缺少會辦事的人。

3. 心理脆弱、缺乏自信

企業在發展過程中會遇到來自各方面的壓力，個人在職業生涯中也會頻繁遭遇各種挑戰。在市場競爭日益激烈的現代社會，無論是企業還是個人，具備極強的抗壓能力，是獲得生存和發展的必要前提。

生活節奏快，工作壓力大，尤其是對於剛剛進入職場的大學畢業生來說，無法完成工作可不像無法完成作業那麼簡單，從學校到職場的巨大反差往往會壓得人喘不過氣來。

心理脆弱成了現代職場人的通病。而一旦心理脆弱了，就會產生自卑感。工作上經歷幾次挫折之後，容易對自己的個人能力產生懷疑，越做不好就越不敢做，越不敢做就越做不好，最終形成惡性循環，直至完全放棄。在當今的社會環境下，要想在職場站得住腳，必須要有強大的心理承受能力，有韌性，有自信心，最終才能成為未來職場的贏家。

4. 技能單一、出路狹窄

在大學生以流水線的形式「批量生產」的環境下，就業壓力成了現代人眾多生活壓力中的重要一項。就業、失業、再就業、再失業……反覆迴圈，成了眾人皆知的遊戲規則。

要想在這場遊戲中不被淘汰，唯一的辦法就是成為複合型人才。抓住一切機會，多學幾招，藝多不壓身。一專多能，無論是在哪個職位上都可以一展拳腳，這樣的人才，自然受企業歡迎。也只有這樣，在充滿競爭、各種人才大浪淘沙的職場，才不會最終淪落為「積壓產品」，也不至於最後「在一棵樹上吊死」。

複合型人才，即使有朝一日失業，心中也不至於慌亂。是金子到哪兒都能發光，更何況是萬能的金子呢！

5. 反應遲鈍、思維呆滯

「落後就要挨打」的道理從清朝末年一直講到現在。遲鈍就是遲緩，就是凡事都比別人慢半拍。如今的職場，不再單純是一個「大魚吃小魚」的現狀，更多時候是一個「快魚吃慢魚」的事實，思維敏捷才是制勝的法寶。

老闆在講一件有關公司生死存亡的大事，而你還在瞪著一雙無辜的大眼睛不知所措，這是多麼可悲的一件事。競爭對手以迅雷不及掩耳之勢拿到了訂單，已經興高采烈地喝慶功酒去了，而你卻剛剛開始手忙腳亂地做準備工作，這是多麼可笑的一件事。

創意和創新是所有企業生存下去的必要條件之一，也是企業選拔人才的重要條件之一。一個能為企業帶來業績的員工是好員工，而一個能為企業不斷帶來業績的員工則是「鎮店之寶」。

6. 孤膽英雄、不會合群

剛畢業的大學生普遍存在的問題是眼高手低，愛逞個人英雄主義，一股書生意氣，好像天底下就沒有自己幹不了的事。不愛與人溝通，不善於與人交流合作，缺乏基本的團隊意識，這是職場生涯的大忌。

當今的職場現狀是「學科交叉、知識交流、技術集成」，「孤膽英雄」的時代已經成為歷史，個人的作用逐漸被弱化，更多的時候，是群體的力量在發揮作用。「獨行俠」難成氣候，「大幫派」才能闖出一片天地。

團隊協作、溝通協調是一個現代化企業的基本運營理念，也是一個現代職場人的基本素質。要想成就一番事業，單靠個人，或是少數人的力量是不行的，只有靠整個團隊的集體智慧碰撞，才會把事業推向更強、更高。

7. 鼠目寸光、缺乏職業規劃

很多剛畢業的大學生在應聘面試的時候，一般都會遇到同一個問題——你的職業生涯規劃是什麼？很多人顯然沒有做好回答這一問題的準備，要麼不知所措，抓耳撓腮；要麼胡編亂造，不切實際。

工作的目的是什麼？最初的答案可能是「不挨餓」。但是，僅僅如此嗎？人力資源專家曾說過這樣一句話：「如果不做職業生涯規劃，你離挨餓只有三天。」而恰恰就是很多人，被這三天的溫飽迷住了心智，樂不思蜀了。

勵志大師常說：你能看到多遠，你就能走多遠。鼠目寸光難成大事，目光長遠才能成大器。在市場經濟中，「預則立，不預則廢。」職業生涯規劃十分重要，尤其是對那些剛剛參加工作的年輕人來說，它將影響到你一生的幸福。

8. 緣木求魚、不會學習

現代社會是一個學習型的社會，人與人的差異並不只是學歷的高低，人與人之間的真正較量是學習能力的較量。未來學家托夫勒說:「未來的『文盲』不是不學習的人，而是想學習卻不會學習的人。」

很多人在學校期間都是一個有學習能力的人，並且學習成績優秀者都具有一套自己的學習方法。但是，你必須要明白，那種針對考試的學習方法並不一定適用於職場。找出自己的和別人的差距，放低姿態，多向有經驗的同事虛心請教。職場是一個嶄新的環境，你必須有一個新的開始，也只有這樣，你才能少走彎路，才能不被淘汰。

鮮花和掌聲不會無緣無故地給一個「守株待兔」的人，在風雨中日夜兼行的人才有贏取勝利的可能。一切空談和無謂的努力不會助你夢想成真，「緣木求魚」者早晚難逃被淘汰的厄運。

第三章 只要用心，求職機會無處不在

網上求職，避其缺點取其優勢

隨著資訊網路技術的發展，大學生找工作的途徑也變得豐富多彩起來。其中，網上找工作成為當前最流行的一種方式。

統計資料顯示，現有的網上招聘平台很多家，網上每天發布的招聘信息鋪天蓋地，對求職者來說可謂是方便快捷。然而逐漸暴露出的一些問題也值得人深思。

小張是某大學的畢業生，剛畢業找工作的時候，跟大部分同學一樣，她尤其喜歡在網上求職，對各式各樣的就業博覽會冷眼旁觀，無動於衷。然而過了一段時間之後，小張開始極度苦惱起來。電子信箱裡每天都會收到無數封郵件，無奈之下，她最後只好捨棄了那個用了多年的信箱。並且，由於填寫了大量的個人資訊，某些網站不負責任，將小張的資料完全公開，害得她時不時地就會接到陌生電話的騷擾。這樣的做法讓小張深惡痛絕，以至於工作之後提起這事還很氣惱。

毋庸置疑，比起傳統模式的就業博覽會，網上求職具有很多不可比擬的優勢，諸如方便快捷、信息量大、成本低、時間靈活等。正因為如此，才吸引了越來越多求職者的關注。

可是，網路招聘的優越性背後，往往也暴露出不少問題，讓很多求職者又愛又恨。像小張這樣頻頻接到騷擾電話，就是最基本的例子。在網上投履歷的時候，肯定要留下自己的地址、電話、身份證等詳細的個人資料。若是不幸遇到一些不正規的招聘網站，把你的個人資料洩露出去，輕則受到電話騷擾，重則遭遇電話詐騙或恐嚇。

小張只是資訊被洩露，遭到一些騷擾。相比之下，小元的經歷就有一定的危險性了。

小元在網上投了一家自稱跨國公司的企業。履歷發出去的第二天，公司就打過來電話約請面試，說是公司為了拓展市場，要引進一批優秀人才。並且許以豐厚誘人的薪資待遇，近日內務必要到公司接受訓練。

一聽到這個消息，小元高興極了，立刻就答應了對方的邀請。3天之後，對方打來電話，煞有介事地對小元進行了一番電話面試。很快，對方就告知小元「電話面試通過了」，請他馬上到公司進行體檢和複試。

然而，小元總覺得事情應該不會這麼順利，似乎哪兒不對勁。於是他就在網上查找這家公司的資料。這一下他驚奇地發現，根本就沒有這家公司的任何資料，後來他又查詢了關於這家公司的電話，結果根本就沒有登記這個電話號碼。小元感覺到情況不妙，於是報了警。據警方分析，這很可能是個陷阱，是一些不法分子利用大學生急於找工作的心態設下的圈套。

從小元的這次經歷中可以看出，在網上找工作，一定不能急功近利。要多方查證招聘公司的相關資訊：網址、電話、法人、註冊地、辦公地、業內口碑等一些情況。

雖然小張和小元不幸遭遇了網路招聘的「陷阱」，但也不能因此就把網路招聘一棍子打死，它還是有很多可取之處的。小孫也是一個應屆畢業生，但是他要比小張和小元幸運多了。

小孫找工作的時候，他先在一家人才就業網站投了個人履歷，兩天後就接到了公司的面試通知，這讓小孫感覺很興奮，也很意外。為了萬無一失，他在網上專門查詢了這家公司的相關資料，還委託朋友去實地考察了一番。接下來的面試和筆試都很順利，薪資待遇也比較不錯，小孫基本上沒費什麼周折，就找到了一份令人羨慕的工作。事後他專門總結了一些「網上求職經驗」之類的文章發在自己的部落格裡，為在網上求職的朋友提供幫助和借鑑。

其實網路招聘本身並沒有錯，只不過有些不法分子常常會利用這個平台進行詐騙，才使網上招聘顯得很混亂，魚龍混雜，良莠不齊。相關專家建議：對網上招聘，要具備一定的甄別能力；切忌走極端，應理性看待網上應聘。

為了幫助求職者正確掌握網上應聘的技巧，我們總結了以下幾點注意事項：

(1) 網上求職，首先履歷要有特色，根據不同職位要求設計出特定的履歷，避免千篇一律的情況發生。

(2) 履歷要有針對性，選擇好自己想要從事的職業，而不是盲目地向企業發履歷。很多公司在招聘條件一欄都會注明一些硬性的要求，比如：工作經驗、專業、性別要求等……如果不看清條件，在第一輪過濾的時候就被刷下，即使再投多少遍都沒用。

(3) 實事求是，不要在履歷中添加水分。在網上求職，由於招聘方和求職者不見面，很多人為了「提升」自身的職業價值，增大面試的機率，於是就對自己的履歷進行「鍍金」包裝，寫上誇大或虛假的資訊。其實，這樣的伎倆即使暫時獲得了面試的機會，可遲早會露出破綻，到頭來浪費自己的時間。

(4) 多方查證招聘公司資訊，掌握真實情況。規模稍大一點的公司，肯定不會只採取單一的招聘方式，一般會利用網路、報紙、雜誌、電視等各種管道進行立體招聘宣傳。如果各方的資訊基本吻合的話，那就比較可信了。

(5) 牢記一個原則——不掏錢。不管對方說得如何天花亂墜，有一點是必須要保持清醒的，那就是在赴任前，不能繳納任何費用。正規的公司通常都不會這麼做。牢記這一個原則，就可以大大降低求職受騙的機率。

現場招聘，巧妙提高效率

現場就業博覽會是一種傳統的招聘方式。一般由政府部門或人才機構發起和組織，比較正規，也比較可信。

隨著網路的普及，現場就業博覽會的招聘形式受到了一定的衝擊。不過由於就業博覽會本身具有的諸多優勢，比如可以節省企業初次篩選履歷的工作量，相比較其他招聘方式費用較少等，使得其熱度依然很高。

事實也的確如此，很多現場就業博覽會往往是參加者甚多，因此，求職者不要輕易放過現場就業博覽會的求職機會。

在人頭攢動的求職者中，也許你只有幾分鐘的時間和現場的面試官做簡短交談，然而，有可能通過這簡短的幾分鐘對話，面試官就已經從你的言談舉止間獲得了他想要的資訊。這個「印象分」將直接影響到你能不能進入下一輪的面試。

就業博覽會上，有很多求職者不能很好把握這「轉瞬即逝」的機會，以至於一場就業博覽會下來，四處碰壁，毫無收穫。

下面有兩個案例，也許可以很好地說明這個問題。

案例一：

一次現場就業博覽會上，小甲應聘某通訊器材公司的行政主管一職。面試官認真看了他履歷上「工作經驗」的部分，發現他在短短的幾年內接連換了 5 份工作，沒有一個工作是穩定地做足了 2 年的。接著，面試官問了他一個問題：「你之前做行政主管，所負責的工作是決策的成分多呢，還是執行的成分多？」「決策方面的吧。」小甲想了想答道。

簡短的對話結束後，面試官要求小甲留下一份履歷，等待下一步的通知。但由於小甲只剩下了最後一份履歷，猶豫再三，才很勉強地給了面試官。面試官曾建議他再去複印幾份，可他猶豫半天卻沒有採納。整個面試從開始到結束，只有 3 分鐘。

這家企業最終沒有錄取他，面試官給出的理由是：

（1）這個職位是公司的行政主管，需要負責全公司行政方面的所有大小事宜。有時候甚至還會涉及企業的方向性決策。而一個連要不要留下履歷都猶豫了兩次的人，是很難在複雜多變的情況下迅速做出正確抉擇的。身為行政主管，最忌諱的就是優柔寡斷。

（2）小甲頻繁換了好幾份工作，而每一份工作的年限都不超過 2 年。這只能說明他做事並不踏實，在這一行業還沒有積累起足夠的經驗。

(3) 在留履歷這件事上，可以看出小甲對這個職位並沒有誠意，這樣的人，是斷然不會被企業錄用的。

案例二：

張剛是一位應屆畢業生，他來到某就業博覽會現場應聘某公司的設計師一職，然而公司有一個硬性要求——「有兩年工作經驗」。當他表達了想要應聘該職位的時候，面試官首先提出的就是他的相關工作經驗問題。但是，張剛並沒有因為這個問題表現得局促不安，相反，整個過程都是不卑不亢，表現得很有自信。

張剛從容地遞上去一疊自己的設計作品，然後恭敬地對面試官說：「作為一個應屆畢生，雖然沒有在公司上過班，但這些作品或許可以證明我的實力。」面試官的反應並不強烈，只是隨手翻翻就放下了，漫不經心地說：「我們公司的招聘條件之一，就是必須具有相關作經驗，你的條件與我們的要求可能有些出入。」

面對如此殘酷的回答，張剛依然很平靜，表示希望得到一個平台來展示自己的能力，言語間還是那麼自信。面試官在他的履歷上做了一個標記，說：「如果合適的話，我們會通你的。」整個過程 3 分鐘。

這原本是一個不可能完成的任務。按理說，在求職者如雲的現場就業博覽會上，僅僅「工作經驗」這一項就可以把張剛淘汰掉。但是，奇跡還是發生了：他最終應聘成功了。

面試官的解釋是：有沒有工作經驗其實並不重要，重要的是你這個人有沒有個人潛質。張剛帶來了自己的個人作品，可以說明兩個問題，一是他準備很充分，對這場面試很有誠意；二是他很自信，對自己的能力和作品抱有強烈的自信。作為設計師，除了要具備良好的專業技能，與客戶的溝通能力也是很重要的。只有瞭解客戶的需求，才能設計出讓客戶滿意的作品。一個不自信的設計師，怎麼可能設計得出優秀的作品呢？工作經驗可以積累，但這種品質卻是與生俱來的。他自己爭取了這次機會，我們應該成全他。

「台上一分鐘，台下十年功。」這是一句放之四海而皆準的古訓。就業博覽會上，你來我往間，看似不經意的短短的幾句話，從中卻可以透露出一個人的語言習慣、思維方式、工作態度和對職位的認知能力等基本素質，而這些基本素質就是企業決定是否錄用求職者的重要依據。

作為求職者，首先要對自己充滿信心，敢於表現自己，同時還要對所應聘的公司和職位多做瞭解，隨時準備好應聘所需的材料等，一切就緒之後，滿懷信心地面對面試官。機會總是青睞有準備的人，哪怕只是短短的幾分鐘，照樣可以讓你脫穎而出。

職業介紹中心找規模最大的

儘管政府明文規定，職業介紹中心為求職者介紹職業不成功的，應當退還全部仲介費。但是由於現在的職介市場良莠不齊，很多不法分子打著介紹工作的幌子，騙錢騙物，使得很多求職者工作沒找到，錢卻打了水漂。

其實，「騙子」職介所欺騙求職者的伎倆無外乎以下幾種，求職者只要仔細分辨，提警惕，還是可以避免上當受騙的。

1. 高薪誘餌，願者上鉤

這也是不法職介最常用的騙人伎倆。承諾出一系列優厚的條件，諸如：要求低，薪水高，福利待遇好等，把招聘職位吹得天花亂墜、神乎其神，最終達到引誘求職者上鉤的目的。

仔細分析不難發現，這一類的騙子在寫招聘資訊的時候，多採用模糊的手法，例如「某公司」「某企業」，並沒有表明詳細的單位名稱，只是留下一個電話或是位址，吸引求職者的眼球，如果禁不住誘惑，就會被他們騙取仲介費，甚至還會有其他的經濟損失。

2. 明修棧道，暗度陳倉

這種伎倆也是不法職業介紹所常用的手段。他們常常將招聘企業和招聘職位描繪得「活靈活現」，使求職者相信「確有其事」。可等到求職者到公司實地考察後卻發現，這家公司根本就不知道有招聘這回事兒。

小周大學畢業後一直為找工作的事情著急，多次碰壁後，就想嘗試找一家職業介紹所「幫自己」找工作。在交了 2000 多元的仲介費後，這家職業介紹所為她找了一個普通文員的工作。可當小周興高采烈地前去報到的時候，竟然驚訝地發現，這家公司根本就不招人，三言兩語把小周打發了回來。

氣急之下，小周就找到那家職業介紹所質問，想要討個說法。職介所聽到這個情況後，向她退還了部分仲介費，而餘下的部分則成了這家不法職業介紹所的「收入」。小周只能是啞巴吃黃連，有苦說不出。

3. 一唱一和，雙簧騙人

現在的勞動力市場供大於求，於是有的不法職業介紹所就利用求職者找工作難的心理，和一些公司互相勾結，使出了「持續介紹——持續錄用——持續辭退」的反覆迴圈伎倆。在這種情況下，不法職業介紹所和企業各取所需，都有好處。職介所獲得了仲介費，而企業則得到了廉價的勞動力。

小吳從大學畢業後，通過一家職業介紹所找到了一個文字編輯的工作。本來說得挺好，小吳也從心底感到滿意。可到公司上班還不到一個星期，超負荷的工作任務就壓得她喘不過氣來。她多次向公司老闆表示不滿，但每次都不被理會。沒過一個月，她就因為「工作能力不強」被辭退了。

直到後來小吳才明白，原來那家公司是和職業介紹所串通好的。經常會有像自己這樣的畢業生被「介紹」到那裡工作，拿著微薄的試用薪水，為老闆拚命工作。一個月過後，不是自己吃不消自動走人，就是就被老闆以種種理由辭退。

除了以上幾種情況外，收取不合理的會員費也是一些不法職業介紹所常用的騙錢伎倆之一。

小鄭為了找工作方便，在一家職業介紹所辦了會員服務。成為會員後，職業介紹所負責幫小鄭找工作，一旦有好的工作職位，小鄭可以第一時間知道。但是，與之相對應的是，小鄭必須每個月繳納 2000 元的會員費。

一開始，小鄭也沒覺得有什麼不妥。正式辦理會員之前，小鄭要先填寫一張求職意向表，主要是將自己的求職要求寫清楚，另外還有諸如工作時間、工作地點、福利待遇、最低薪水等內容。

完全依靠職業介紹所幫忙找工作，小鄭需要做的就是坐在家裡等消息。

果然沒過幾天，小鄭就得到了一個比較滿意的職位，正式上任了。可是等他回到職業介紹所辦理相關手續的時候，卻被告之，小鄭上班之後，要把第一個月工資的 20% 付給職業介紹所。這一條規定在以前的合同上並沒有標明，這讓小鄭很是惱火，但又不敢怎麼樣，因為這直接關係到他的新工作的穩定性。所以他最終選擇了「人在矮簷下，不得不低頭」。

不法職介所設置的招聘陷阱有很多種，那麼，求職者應該怎麼保護自己呢？

（1）要找就找規模大的正規職業介紹所，這樣可能費用貴點，但得來的招聘資訊都是最新、最可靠的，有資訊才會有保障。

（2）職業介紹所的會員費一般不會太貴，太貴或是太便宜的都要謹慎。

（3）在填寫求職意向時，要求盡量寫低一些，這樣你面試的機會會大幅增加。

（4）所有的合同條款，都要認真對待，不要讓不法職介所鑽空子。

報刊招聘魚龍混雜，學會沙中淘金

報刊招聘是指公司在報紙雜誌上發布招聘資訊的一種招聘途徑。然而，在龍蛇混雜的招聘啟事中，有真有假，很難分辨。有的公司確實是想通過這種方式找到合適的人才；但也有的公司只是利用了這個優越的媒介平台，掛羊頭賣狗肉，用這種冠冕堂皇的手段做幌子，實則是在為自己的公司或是產品做宣傳，提高在行業內的知名度。

對求職者來說，前者自不必說，而後者的這種做法是很不厚道的，它無形中增加了求職者找工作的難度。巨大的信息量，真假難辨，增加了求職者的時間成本。

雖然報紙、雜誌攜帶方便，可以隨時隨地取出來閱讀查詢，但是求職者一定要慎重，認真辨別其中的真偽，不能完全相信報刊上的資訊，白白浪費自己的時間和精力。

阿杜是某大學電腦專業的大學生，找工作的時候，希望找一個與 IT 行業有關的工作。但是由於條件限制，阿杜上網不太方便，而大型的就業博覽會也並不是每天都有，所以對阿杜來說，購買附有招聘資訊的報紙、期刊就成了他找工作最便捷的途徑。但是沒過多長時間，面對眼花繚亂的招聘資訊，阿杜有點迷茫了：在浩如煙海的招聘資訊中，有多少是貨真價實的招聘廣告？又有多少是在渾水摸魚，用招聘資訊的版面發揮宣傳廣告的作用呢？

阿杜在大學實習的時候，做過軟體發展、ISO 管理、資訊主管、客戶經理等相關工作，並且還取得了不錯的成績。於是他就想再找一份和自己擅長的專業比較接近的工作，但是一看到多如牛毛的招聘資訊，方寸全亂了。電話一個接一個地諮詢，雖然目的只有一個，但首先要弄明白的就是「這則招聘資訊到底是不是真的？用人公司到底是不是真的在招聘？」

經過阿杜仔細觀察，在報紙上發現了一個很有意思的規律。在同一份求職報上，很多公司的職位一直在招人，從年初到年末，從不間斷。這種現象明顯是有問題的。企業很可能是想通過這種方式賺取別人的眼球，即為自己打廣告，而成本又比純粹的宣傳廣告費用低。

同時，阿杜還發現，有些公司只是花了一條消息的錢，卻得到了相當大的廣告宣傳效果。比如，某糧油公司在發布招聘資訊的時候，喜歡就某條資訊進行大肆渲染，廣告的嫌疑一目了然。還有些招聘廣告，很長一段時間招聘的內容都完全一樣，幾個職位長年空缺，所用語言過分渲染公司的影響力，根本不去突出招聘資訊的主題。

除此之外，阿杜還注意到，有的虛假招聘資訊寫得很模糊和籠統。例如對求職者的要求寫上「身體健康、思想端正、熱愛工作、責任心強」等一些無關痛癢的話。這些要求讓人看了雲裡霧裡不知所以，根本就理解不了這家用人單位到底要找什麼樣的員工。如果對職位描述過於含糊，在投履歷之前就要在心裡先畫上一個大大的問號。

阿杜通過細心的觀察，得出了很多甄別報刊招聘真偽的「經驗之談」。求職者可以從中得到借鑑，從而最大限度地識破這些把戲，避免自己上當受騙。

雖然報刊招聘魚龍混雜，但其中也不乏一些真實的資訊。如果你經過求證，發現他們確實可信，那就趕緊付諸行動，也許它會為你帶來意想不到的收穫。對於如何利用報刊招聘渠道找到一份好工作，業內人士為求職者提出了兩條建議：

1. 在各大求職報紙上搜索相關招聘資訊

求職者可以把工夫下到平時，研究一些專業的招聘報紙及其分門別類的招聘專欄，從中搜索適合自己的招聘資訊，辨別真偽，然後再打電話諮詢詳情。

如果碰上有的用人單位沒有留電話和位址，只是留下了一個電子郵箱，那就直接把準備好的履歷發過去。如果你正好是對方需要的人才，那對方肯定會想辦法跟你聯繫。在報紙上登招聘資訊的用人單位，通常不需要招大量的人員，所以一般不去參加那些大型的現場就業博覽會或借助招聘網站的管道。習慣在報紙雜誌上刊登招聘廣告的企業，規模也不會太大。遇到這樣的求職機會一定要抓住，因為成功率會比較高。

2. 逆向思維，在報紙上刊登求職資訊，主動出擊找適合自己的職位這種方法雖然有點老，但是卻是一個效率極高的辦法。這種主動求職方式最大的優勢就是直截了當，容易引起用人單位的注意。對求職者來說，也減少了盲目性，成功機率自然會更高一些。

利用好人脈資源，多個朋友多條路

「多個朋友多條路，朋友多了路好走。」對於工作多年的職場人來說，他們對這句話都深有體會。在投身職場之始，職場新人就要充分認識到人脈資源的重要性。人脈是一個需要時間來積累的寶貴財富。擁有強大的人脈資源，也就意味著你擁有比別人更多的成功機會。

剛畢業的大學生接觸的人群比較單一，人際關係非常有限。在找工作的時候，同等條件下，擁有廣泛的人際關係，就可能得到更多更好的職業發展機會。充分利用家人、朋友和學校裡的一切人脈資源，現在已經成為大學畢業生求職的重要手段之一。

小安是某大學的應屆畢業生，在校期間，他的學習成績很一般，各方面的表現都很稀鬆平常，只是有一股子倔強脾氣。

小安的父母是某企業的高層主管，在小安還沒有畢業的時候，就為他安排好了理想的工作職位。可是，小安毫不猶豫地拒絕了。他認為自己是一個大學生，應該憑藉自己的能力自謀生路，而不是依靠父母和親戚朋友的力量。

畢業以後，小安為他的倔強付出了慘痛的代價。在求職路上苦苦掙扎了幾個月，就是找不到合適的工作。雖然履歷設計得十分漂亮，可投出去之後，總是如石沉大海，一點反應都沒有。

無奈之下，小安只好向家裡求助。很快，小安的父母就通過自己的關係，幫小安找到了一份工作。小安的心裡雖然不平衡，但還是無奈地接受了現實。

在這個特別這個講究「人情關係」的社會裡，人脈是誰都無法忽視的重要資源。很多時候，你奔波勞碌幾個月無法解決的問題，熟人的一個電話或一封推薦信就可以輕鬆搞定。雖然你可能對「找關係、託人情」很不齒，但是沒辦法，這就是社會現實。其實也沒有必要為此感到不安，對於求職者來說，熟人不過是在你和用人單位之間，搭起了一個認識、瞭解和信任的橋梁。只要不違反法律，通過人脈找工作的辦法大可以使用。

當然，依靠人脈找工作有時也會存在較大的「投資風險」。有的可能一分錢都不用花，有的可能要付出比其他途徑高出幾倍的代價。另外，通過親戚朋友的關係找工作，機會相對比較單一，求職面也會比較窄。考慮到今後的求職機會越來越平等，因此通過這條途徑尋找求職機會並不是最佳的選擇，一定要慎重考慮，綜合權衡。

但無論如何，多累積一些人脈資源，對今後事業的發展都是十分必要的。

人脈的積累不是一天兩天的事情，這滲透到工作和生活的方方面面。面對每天遇到的形形色色的各色人等，你並不知道在他們當中，哪些人會成為你的朋友，將來會對你有所幫助。所以，要適當擴大自己的交際範圍，盡量多結交一些朋友，通過人際關係打開求職市場。

平時多結交一些閱歷豐富的朋友，或是多認識一些在某個領域有特殊才能和成就的人。不要覺得主動去認識這樣的人是一件很「難為情」的事情，只要你是真心敬佩別人，懷揣一顆真誠的心去打交道，就一定會得到同樣的回報。事實上，結交新朋友是一件很輕鬆愉悅的事，千萬不要把它當做一件工作來做，談笑風生之間就可以完成一次有益的溝通交流。

在和朋友的交往過程中，要多聽取別人的意見和建議。俗話說：「三個臭皮匠，賽過諸葛亮。」來自各方面的聲音雖然各有不同，但對求職者來說，都是值得借鑑的。集思廣益的前提條件必須是要「廣」，也就是擴大自己的交際面，多認識一些不同領域的朋友。

這些說起來很簡單也很容易，但是更重要的是必須要做到。那麼如何才能有效擴大自己的交際範圍呢？首先就是要堅持不懈地學習，閱讀大量的報刊書籍，不同種類、不同領域的知識都要涉及，以此來拓展自己的知識面；同時要關注各種時事資訊，瞭解新生事物，並形成自己對這些時事資訊和新生事物的觀點和看法。這樣才能使自己在社交場合與人溝通交流時，遊刃有餘，如魚得水。

實際上，拓展人脈的過程，也是自我修煉的過程。因為要一直保持這種對新事物的興趣和看法、對新事物的好奇心，久而久之，你會發現，自己的知識面、認知能力和溝通能力都會增強。增加了談資，也增大了與人溝通的成功概率。

毛遂自薦讓自己脫穎而出

當前畢業生找工作的途徑主要就是網上投履歷，或是參加各種各樣的現場就業博覽會，這兩條途徑雖然看似積極主動，但是，當所有人都在用這兩條途徑的時候，殘酷的競爭難免會影響到求職的成功率。

現在，這兩種管道看起來似乎已經有點「不堪重負」了。

如何在激烈的競爭中獲得成功？如何在成千上萬的求職者當中脫穎而出？這成了困擾所有大學畢業生的首要問題。如何才能找到自己的突破口呢？很多時候，毛遂自薦不失為一條康莊大道。

在日益激烈的求職競爭中，毛遂自薦是一種非常不錯的求職方式，因為古老，所以經典。這是一種主動上門推銷自己的求職方式。當然，毛遂自薦的求職方式也不能一概而論。很多人試驗之後，有的如願以償找到了合適的工作，而有的則屢屢碰壁。

求職者在使用毛遂自薦這招時，不能墨守成規。首先要認真研究用人單位和招聘職位的特點，以及自身的優勢劣勢，別具匠心地出奇制勝。很多人把一時的頭腦發熱誤認為是毛遂自薦，其中帶有極強的賭博心態，這種想法是要不得的。所謂知己知彼才能百戰百勝。盲目的衝動和強烈的賭博心態，是阻礙求職者求職成功的重大障礙。在花樣百出的各種毛遂自薦中，成功率最高的可能要數以下這 3 種形式：

1.「引吭高歌」，引人注意

1986 年，世界著名的男高音歌唱家帕瓦羅蒂，到北京音樂學院進行友好訪問，當時很多家長都很激動，想讓這位世界頂尖的歌王聽一聽自己孩子的歌唱水準，其主要目的就是希望能拜帕瓦羅蒂為師，或者請他指教一二。帕瓦羅蒂出於禮貌，一直很認真地傾聽著這些學生展示才藝，但是他自始至終都沒有發表任何意見。

在眾多學生中，有一個人很特殊，他就是黑海濤，與其他同學一樣，黑海濤也非常希望得到帕瓦羅蒂的認可和賞識。可是，對於一個沒有任何社會背景的農村孩子來說，他根本就沒有機會接近這位世界歌王。

像這樣和世界歌王零距離接觸的機會非常難得，可以說是千載難逢。情急之下，黑海濤靈機一動，跑到會場窗戶外面高歌一曲——世界名曲《今夜無人入眠》。帕瓦羅蒂一聽到這首歌曲，立即眼前一亮，馬上找人過來詢問。就這樣，黑海濤幸運地走進了帕瓦羅蒂的音樂帝國，成了世界歌王的學生。1998 年，黑海濤參加了在義大利舉行的世界聲樂大賽，並取得了第二名的優異成績，成為奧地利皇家劇院的首席歌唱家，名揚天下。

從黑海濤的案例可以得出一個結論——要想自薦成功，最少要具備三個條件：①要膽大心細，敢於推薦自己，不要猶豫，果斷出擊；②自薦方式要有新意，最快、最大限度地吸引考官的注意，當然，這種注意是讚賞性的，而非厭惡性的；③自薦者要有真才實學。如果黑海濤並無真實才華，他就是唱破了嗓子也不會引起帕瓦羅蒂的注意的。所以，膽量勇氣、自薦技巧、真才實學，三者缺一不可。

2. 反客為主，恰當表現

小輝大學畢業後，到一家設計公司應聘創意主管的職位。這是一家非常有實力的公司，待遇優厚、發展空間大。所以來應聘的人把接待室擠得水洩不通，場面十分混亂。

小輝看到這種場景，突然靈機一動，然後徑直走到接待入口處，大聲喊道：「大家注意，由於今天來的人太多，請你們不要著急，自覺遵守紀律，排成 3 列依次進行面試。」這個辦法很有效，現場的求職者們看到小輝與工作人員在一起維護秩序，以為他是主考官，便很快恢復了平靜。小輝又把所有人的求職履歷都收到一起，然後將自己的履歷放在最上邊，這樣他就獲得了第一個面試的機會。

人事經理看到小輝的履歷後，再加上他在現場的行為表現，當場就決定錄用小輝。

同一個就業博覽會，同樣的求職機會，履歷也基本相同，但結果卻各不相同。這其中的奧妙在哪兒呢？小輝挺身而出維持招聘現場的秩序，本身就是一種毛遂自薦的表現，只不過這種表現非常間接罷了。

3.「吹毛求疵」，先發制人

比爾·蓋茨在上高中的時候，曾經到一家電腦公司應聘，但這家公司的人事主管認為他年紀太小，所以拒絕了他。可並比爾·蓋茨沒有氣餒，而是採取了一種行之有效的方法——偷偷地從這家公司的垃圾桶裡，找到了公司廢棄的一些程式資料，並逐一對其進行了修正，然後再次跑到這個公司面試。最終，公司破例給了他一個電腦工程師的職位。

從比爾·蓋茨的應聘經歷不難看出，想要自薦成功，可以想方設法找到自己喜歡的公司不足之處，並依靠自己的真才實學努力去完善它。求職者以此作為毛遂自薦的見面將使求職成功的機率大大增加。

新手上路，做好各項準備

人生總要面臨很多的第一次：第一次說話，第一次走路，第一次上學，第一次找工作……。這種種的「第一次」實際上都是對我們的一次考驗，也是我們成長、成熟、獨立的必然過程。

謀求第一份工作，可以說是我們的人生歷程中具有里程碑意義的一件大事，因此它的意義十分深遠。

在現代社會，「優勝劣汰」的自然法則和十分嚴峻的就業形勢，使我們每個人都面臨著嚴酷的職場競爭，其中最明顯的表現就是企業淘汰員工時的「毫不手軟」和新人「陣亡率」的不斷攀升。那麼，作為一個職場新人，我們應該怎麼做呢？

簡單來說，一個人沒有專長很難成功，但除了專業技能之外，成功還需要很多其他輔助條件的配合，這些條件一起構成你的「競爭力」。

專家認為，對剛踏入職場的社會新人來說，應在25歲前積極強化下列能力。

1. 學歷

這裡所說的學歷，是指通常意義上的我們所就讀的學校、專業、學位。如果自己的學歷不佳，也並非毫無補救的方法。出國留學或報考國內的研究生就是不錯的用最高學歷「勾銷」先前較低學歷的辦法。現在很多大學和研究機構都敞開大門，從「碩士在職班」到「產業碩士班」，不計其數。想要拿個熱門專業的碩士學位，各種管道多元暢通。另外，還有一個克服低學歷劣勢的辦法，就是選擇學歷門檻較寬的企業工作，例如一些服務型企業或地方企業，由於它們在薪酬待遇方面不具備競爭優勢，對學歷也不會要求太高。低學歷的求職者不妨先在這些企業累積一定的工作資歷，因為很多時候，「資歷」比「學歷」更重要。

2. 證照

現在大多數企業招聘員工都遵循一個約定俗成的原則，就是「看證照」。如果你學歷不錯，又有企業所注重的這樣或者那樣的證照，那無異於錦上添花。如果你的學歷並不高，條件比較差，那麼專業證照則可以幫你彌補其中的不足，使你的「含金量」得以增加。

3. 專業技能

學歷和證照可以通過在校期間的學習和考試來獲取，但是專業技能則必須在工作實踐中才能學得到。擁有一定的專業技能對每一個職場新人來講，都是至關重要的。所以，在最初的「學徒期」，職場新人應該把薪水待遇排在次要的位置，而更應關注學習的機會。你要把工作職位當成學校的延伸，把主管和資深同事當成良師，像海綿吸水般虛心學習。只有這樣，專業技術的「馬步」才能扎得穩。

4. 聽說讀寫算的能力

這一點在很多人看來可以覺得不以為然，不就是「聽說讀寫算」嗎，上小學就學會了。實際上，並非我們認為的這麼簡單。因為隨著我們年齡的增加和閱歷的豐富，我們的這些能力已遠沒有年幼時的進步飛快。相反，這5種能力很多時候會呈現「退化」的趨勢。不少上司都抱怨新來的員工撰寫文件、郵件詞不達意、錯字連篇；很多年輕人雖然創意十足，但卻寫不出一份像樣的策劃文案。此外，做事情「無厘頭」、沒有邏輯，談吐應對粗俗無禮，讓上司為之瞠目結舌。

聽說讀寫算，是每個人從小就要培養的基礎能力，從工作到生活都離不開這5種能力，所以要想順利實現從校園到社會的跨越，這5種能力越高越好。

除此之外，辦公軟體的運用，也成為新的基礎能力要求。很多企業以為新生代是電腦時代，招聘條件通常不會注明要熟悉辦公軟體，等到錄用後才發現不懂 PPT、Excel 的新人竟然不在少數，有人甚至用 Word 繪製簡單的圖表都不會。

總而言之，對於任何一個職場新人來講，文字表達能力、語言溝通能力、外語能力、數字能力、邏輯思考力、辦公軟體運用能力，都是不可小看的職場基礎能力，需要利用一切機會鍛煉並提高這些能力，讓自己順利實現從學生到員工的角色轉變。

找準自己的職業定位

每一個職場人都應該有自己的職業理想。職業理想是人們對職業活動和職業成就的超前思慮，它不僅與你的職業期待、職業目標密切相關，也與你的世界現、人生觀密切相關。職業定位是一個理性審視自我的過程，是在充分瞭解自我的基礎上確定自己職業的方向與目標，並制定相關計畫，避免盲目就業的過程。

打造自己的職業形象，擁有理想的職業前景，是所有職場人的追求和夢想。有的人好運相伴，順風順水；有的人卻深陷誤區，茫然無措。

對於所有行走職場的人來說，職業理想和職業定位都是不可或缺的。只有科學、合理地確立了自己的職業理想和定位，並且做了周密細緻、切實可行的規劃安排，才有可能走向事業成功。

很多人都能描繪出自己的職業理想，但卻對職業定位感到迷茫、困惑。那麼我們如何才能準確地找到自己的職業定位呢？其實，找準自己的職業定位並不難，只要抓住幾個關鍵因素，就能夠輕鬆做到。

1. 心理特質是職業定位的基礎

性格決定命運，態度決定一切。有句話曾這樣說，「腦袋的容量決定口袋的分量」。面對紛繁複雜的社會職位與工作職位，在選擇的時候，在決定你要從事哪一類職業的時候，你是否想過你的性格與職業合適與否？別以為這種考慮純屬多餘，在社會分工日益精細化、專業化的今天，就業不僅要專業對口，更重要的是與自己的性格、心性對口。甚至，後者的對口比前者來的更為重要。

李豔是個性格內向的女生，在填報志願的時候，因為分數不夠，考進了另外一個科系，她本來想要的是會計科系，後來進的是語文科系。她並不喜歡這個科系，可是因為性格比較內向，李豔一直都沒有去找學校申請轉系。

畢業後，李豔投遞了很多履歷，鎖定的都是行政助理這方面的工作。可是她總是在面試中敗北，後來不得不找了一份銷售化妝品的工作。但又由於她性格內向，與陌生人說話就會臉紅，冷場後也不知道如何救場。最終，因為沒有業績，公司不得不辭退了她。

專業不對就上任的職場人不在少數，比如專業是新聞採編，最後在人事助理方面做的非常好；專業是電腦應用，卻在企業宣傳職位上做得如魚得水、左右逢源。究其原因，這與從業者的個人性格密切相關。那些做人事、宣傳的職場人，因為性格裡有些因素十分適合這類工作，所以即便是游離在原來的專業之外，也不會捉襟見肘。但是，如果他們的性格超級內向，見到生人就怯場，自然也是做不好這些工作的。

現代職場講究的是團隊協作精神。如果一個人性格內向，整天與同事沒有交流，這樣能不「掉隊」嗎？只有融入團隊，與大家一起打拚事業，才能適應時代的發展，滿足不斷變化的職場需求。

在選擇工作職位時，依照自己的性格類型選定職業是非常重要的，只有方向正確，才能走得更遠。

2. 職業資訊是職業定位的關鍵

毋庸置疑，我們身處的是一個資訊爆炸的時代，我們所在的地球，是一個資訊爆炸的星球。資訊影響著我們生活的方方面面，連接著我們身體的每一根神經。對各種資訊的正確把握和準確判斷是職業定位的關鍵。

對於每一個職場人來說，都應該有針對性、有選擇地通過各種管道搜集職業資訊，再對它們進行全面細緻的分析，做出科學合理的決策，從而尋找到屬於自己的理想職業，這個過程至關重要。資訊不對稱是非常危險的，如果你想獲得理想的職業定位，一定不能讓過多無用的資訊蒙蔽你的雙眼，而是要「吹盡狂沙始到金」，將那些有利於自己做出選擇的資訊加以篩選，並對其進行分析判斷，得出最後結論。

職場人千萬不要認為這個過程無關緊要，因為只有選對了前進方向，才好下大力氣為之奮鬥，否則，就是緣木求魚或南轅北轍，付出的努力越多，遭到的失敗越大。

3. 自身潛力是職業定位的延伸

每個人都具有某種潛力，就像運動員一樣，有的具有爆發力，有的具有耐力，所以，有的運動員適合短跑項目，而有的則擅長長跑項目。職場人也是如此，要想找到理想的職業定位，必須考慮到自己所具備的潛力因素。

時代在前進，社會在發展，知識和資訊無時無刻不在更新。原來的知識儲備無論多麼優秀多麼豐富，都不能一成不變地應對現代職場不斷變化的各種需求。這就需要職場人不斷地挖掘自身的潛力，不斷地完善知識儲備，為自己的職業定位提供有力的後盾。

理想的職業定位，是職場人職業生涯中的燈塔。只有找到正確的職業定位，才能使自己明確前進的方向，獲得前進的動力。想要找到理想的職業定位，打造完美的職場人生，除了要具備馳騁職場基本的「硬體」之外，必要時還應該向專業的職業諮詢機構進行諮詢，聽取專業的參考意見。當你對自己的職業定位感到茫然的時候，來自外部世界客觀理性的聲音會令你醍醐灌頂，幡然醒悟。

克服各種就業心理障礙

從前被譽為「天之驕子」的大學生如今已被「批量生產」，由此導致的直接結果便是大學生不再「值錢」。每年都有大批的大學畢業生湧入社會，完全進入了「買方市場」時代。找工作，尤其是找到一份自己心儀的工作，不再是一件輕而易舉的事情。

在這種嚴峻的就業情勢下，面對眾多的競爭對手，想要成功就業，就必須要有充分的心理準備，擁有良好的競技狀態。即使在求職過程中遭遇諸多困難，也不能「趴下」，要不地鼓勵自己，為自己打氣加油，只有這樣才能拯救自己。

對求職者而言，心理上的障礙往往是最難承受、最難跨越的。下面我們來分析一下求職者最常見的五種就業心理障礙。

1. 畏怯自卑的心理

產生這種心理其實是很正常的，每個人面對陌生的、未知的環境時，都會產生畏怯的心理反應。剛從「象牙塔」裡走出來，社會對於大學生們來說，就像一潭深不見底的湖水，自卑膽怯的心理當然容易滋生。

有些畢業生大學四年都順風順水地走過來了，當然也擁有了一定的技能和知識積累，可當他們面對浩浩蕩蕩的求職大軍時，卻總覺得自己這也不行，那也不會，以至於嚴重缺乏自信心，每次走進招聘現場就會心裡發怵，參加面試時更是緊張無比。求職者一定要鼓勵自己克服這種畏怯心理。畏怯心理是走向求職成功的大敵。

克服畏怯心理的辦法有很多。例如，你可以在走進招聘現場或面試場所之前，對自己說「我行，我一定行！」或者告訴自己「我不會的別人也不一定會」，通過自我激勵、自我肯定有效化解自己的緊張畏怯心理。此外，你還應不斷地暗示自己，營造一種自信的心理氛圍。

你可以將自己擁有的優勢與實力詳細而具體地逐條羅列在紙上，貼在牆上。每看一次，自己的長處就會在腦海裡加深印象，對於自己的實力與優勢也會有一個直觀的、客觀的認識。

2. 過分依賴的心理

這種心理其實是缺乏自信的表現，是畏怯自卑心理的延伸。過分依賴心理在求職過程中具體表現為兩種傾向：①依賴大多數人的決定或觀點的從眾行為。這類求職者往往缺乏獨立見解，他們不是根據自身的具體情況作出切合實際的選擇，總是跟著別人跑。別人做什麼工作他就認為什麼工作「吃香」，別人都往大城市、大企業擠，於是他也跟著去湊熱鬧。對自己的興趣愛好、能力局限性不管不顧，只是一門心思跟著別人的感覺走。②依賴身邊的親人幫自己做決定。習慣於接受父母為自己做的安排，自己並不主動出擊進行選擇，更不積極地參與競爭。這種被動消極的依賴心理與競爭日益激烈的社會現實格格不入，當然事情也不會順著自己想要的方向發展。

求職者必須告訴自己，當時代的車輪滾滾前行的時候，自己若還是安於做一隻溫水中的青蛙，必然要被時代拋棄。只有具備主動積極的競爭意識和不安於現狀的挑戰精神，才能與時俱進，才能走向成功的彼岸。

此外，求職者還要提醒自己：職業選擇是每個人職場生涯的必經階段，不能盲目相信和依賴別人的意見，自己的命運要掌握在自己手中。

3. 急功近利的心理

有些求職者在求職時，過分看重社會地位，過分看重短期的經濟利益，一門心思只想進大城市、大企業，不顧一切地尋找薪資高、待遇好的工作崗位，甚至為了一時的好處寧可拋棄所學的專業。這些都是急功近利心理的外在表現。

急功近利的心理可能會使求職者得到一些眼前的短期利益，但從長遠職業發展來看，絕非明智的選擇。職業選擇對於個人的發展極其重要。我們一生當中，投入在工作職位上的時間長達幾十年，只有選擇一個有利於自己發展的、自己熱愛的、樂於為之奉獻的工作職位，才能在工作中獲得滿足感、成就感，從而實現自己的人生價值和社會價值。

求職者在求職過程中，首先要問自己一個問題：這份工作你願意為之付出全部精力嗎？選擇一份職業就像選擇一個結婚物件，一定要慎之又慎，這樣才會擁有一個幸福的未來。

4. 患得患失的心理

職業的選擇往往也是對機遇的一種把握，若是錯過了機遇，求職者可能將會與成功失之交臂。有句話這樣說：「要在狩獵之前就把子彈上膛」。當斷不斷、患得患失，這山望著那山高；在一個公司上班了，看見其他企業的招聘啟示，心裡又癢癢的，身在曹營心在漢；總覺得自己吃虧了，或是大材小用了。這樣患得患失的心理，對於找工作和做工作都非常不利。求職者在經過理性分析，鎖定了目標職位之後，就應該全力以赴去爭取這個職位。上任以後，要馬上投入全部精力，把工作做好做細。

針對以上可能出現的種種心理障礙，求職者最好在職業生涯還未開始之前，或是剛剛開始的這段時間裡，學會鼓勵自己，勇敢面對，並想辦法克服它們。只有這樣，才能掌控好自己職業生涯的發展方向。

第四章 製作好履歷，全面武裝自己

求職是個系統工程，製作履歷是第一步

求職是為了順利快捷地找到一份滿意的工作。職場人對於求職之艱辛，大都體會深刻。有的人求職屢屢受挫，投出去的履歷、求職信如泥牛入海，不見蹤影，每天都在無奈而漫長的等待中彷徨著、焦慮著。

要想在競爭激烈的求職過程中勝出，就不能打無準備之仗。求職時，不但心中要有數，而且行之要有方。求職者要把求職當作一個系統工程，認真分析，嚴密計畫，一步一步實施。也就是說，要對求職過程進行科學的規劃和系統的安排。

就求職過程而言，如果從時間流程來劃分，大致可以劃分為三個階段，即：調查分析、制定計劃及實施計畫。從這三個環節入手，科學系統地規劃安排自己的求職過程，會極大地提高求職的成功率。

1. 調查分析

調查分析過程中，需要做的事情很多。首先，要對職場瞭若指掌，這需要做廣泛的調查，社會對各類人才的需求、行業布局、職業前景、相關政策等資訊，都要做到全面的瞭解和掌握。其次，要正確地認識自己，知道自己的興趣是什麼，強項是什麼，弱項在哪裡，知道自己的核心競爭力在哪裡，知道自己的個性特徵適合從事哪類職業，要對自己做一番全方位的深刻審視和認識。

做好這兩點，才能制定出切實可行的求職計畫，才能有的放矢地尋找工作。

2. 制定計劃

制定求職計畫需要做哪些事呢？首先要製作一份求職履歷，這是第一步。履歷的製作方法很多，有許多現成的模式可以借鑑。有些求職者對履歷不重視，這常常會影響到求職的成功與否。對於求職履歷，有幾點尤其需要注意：

（1）履歷不是越複雜越好，有的人把履歷寫成了近乎半本書，這其實是個認識上的誤區。履歷就是要簡單明瞭，沒有哪個人資部門有時間有興趣仔細看那麼多內容，能讓人看出基本情況就可以了。

（2）履歷設計得有個性固然很好（無論樣式還是內容，能一下子吸引別人的眼球當然能提高求職的成功率），但是，過分華而不實、脫離實際的標新立異有時也會適得其反，有譁眾取寵之嫌。

（3）不要追求面面俱到，要針對職位要求和自己的求職計畫制定履歷，比方說想應聘軟體發展職位，就不要羅列喜歡文學、愛好音樂之類的東西，而要把焦點集中在與軟體發展相關的經歷和資歷上。

求職履歷製作好之後，還要制定一份詳細的求職計畫書。求職計畫書應詳細具體，從時間安排，到求職地域、目標職位、期望薪酬，甚至面試時的穿著打扮、言談舉止等，都要列出很細緻的計畫和安排。求職計畫書是建立在客觀分析基礎之上的，必須實事求是，符合自己的實情，符合職場規律，符合用人單位的要求。

3. 實施計畫

對自己各方面情況分析到位了，對職場現狀瞭解清楚了，求職履歷和求職計畫也制定出來了，接下來就是求職的實施過程。在實施過程中，既要嚴格按照計畫書一步步地進行，不偏離既定的求職方向，也不要過於機械刻板，遇到新情況新問題，要及時調整計畫，目的只有一個，就是一切為求職成功服務。

企業是這樣篩選履歷的

「我討厭看到錯別字；無關宏旨，冗長、囉嗦的回答或解釋；不準確的時間；乏力的陳述。我所希望的是與之恰恰相反的東西。」著名演員兼主持人利奧·霍爾這樣描述他對於履歷的篩選。

其實，這也是絕大多數用人單位在篩選履歷時的喜好。

眾所周知，投履歷是求職者開始找工作的第一步，履歷是當仁不讓的「敲門磚」。要獲得面試的機會，求職者就少不了這塊「敲門磚」。

所以，在製作履歷之前，我們要先學習一下各大企業是如何篩選履歷的，其流程和標準是怎樣的，對症下藥才能提高求職的命中率。

1. 每份履歷只給 20 ～ 30 秒的時間

網路平台信息量巨大，對於企業來說，網路招聘是一個工作量極其龐大的系統工程，負責招聘的人員要在短時間內瀏覽海量的求職履歷。因此，招聘者的目光通常只會在一份求職履歷上停留 20 ～ 30 秒的時間，最多不會超過 1 分鐘。

企業篩選履歷的第一道工序是把海量履歷按照學歷進行分類，對於招聘企業來說，在不瞭解求職者詳細情況的前提下，學歷是衡量求職者能力高低的重要標準，達不到學歷最低要求的求職者會最先被淘汰；第二道工序是看求職者專業與所應聘職位是否匹配，專業不匹配的求職者會被淘汰；第三道工序是看求職者的工作資歷與招聘職位的能力要求是否匹配，資歷不達標的求職者會被淘汰。通常情況下，那些有過在大企業工作經歷的人很容易通過第一輪的初選。

既然自己的履歷只會贏得極短的半分鐘時間，那麼，如何排版、製作履歷，讓履歷在第一時間抓住招聘者的眼球，是製作履歷的首要任務。想要順利通過「海選」，履歷內容必須清晰有條理，而工作經歷好，則會提高求職成功率。

將自己的照片貼到履歷上，也不失為一種加深招聘者印象的好辦法。但是切記，照片不能是藝術照或是寫真照，正規的證件照才會得到企業的認可。

2. 企業最愛言簡意賅的履歷語言

招聘企業篩選履歷都一般要經過幾輪過程，首先是人力資源部的經理將選中的履歷交給相應的部門進行第二輪篩選，然後是人力資源部經理與業務部門經理進行溝通，協商一致後確定面試人員名單。

一份言簡意賅、條目清晰、乾淨整潔的履歷很受歡迎，切忌長篇累牘地講述自己的成績與以前從事的工作，選取最能拿得出手的從業經歷進行詳略得當的描述。對以前工作經驗描述的文字量以一張 A4 紙的篇幅較為適宜。將履歷做得過於華麗，並不見得就會受到用人單位的喜愛。履歷的內容要真實有效，經得住考核。

求職人員中既有應屆畢業生也有社會人員，企業一般會按照招聘職位的要求對這兩類人員進行區別對待。對於應屆畢業生，絕大多數公司都會比較關注其相關社會經歷，如參加過的社會實踐、組織過的團隊活動、是否是學生幹部等；對於社會人員來說，考核則變得很直觀——公司會專注於他的工作經驗，具體來講，就是某個領域的工作經驗或某項職業技能。

3.「慣犯」跳槽客的履歷不會博得好感

履歷上的個人資料及工作經歷可以反映出求職者以前的工作態度。精明的、身經百戰的招聘人員會從這些東西中去尋找到公司所需要的「蛛絲馬跡」。

有些求職者的工作經歷是一步一步向前發展的，並呈現向上發展的態勢，在榮譽一欄裡也會看到他在以前的工作中所獲得的一些榮譽，這些都從正面反映出該求職者很優秀也很上進。如果在特長一欄求職者還寫到參加了專業技能之外的訓練，則會給招聘人員傳遞這樣一個資訊——該求職者具有較強的學習能力，並且勤於學習。對於那些在企業內部的職位跨度較大的求職者，招聘人員會認為該求職者的應變能力較強、知識面夠廣，是個「多面手」的優秀員工。

而對於那些光是工作經歷就寫滿了幾頁紙，工作職位卻不長的求職者，招聘企業通常會「敬而遠之」。頻繁跳槽會讓人資部門認為這樣的員工沒有「長性」，這山看著那山高。人資部門心裡難免會「犯嘀咕」：別剛訓練結束就拍屁股走人了，那樣一來，只會無謂地消耗公司的訓練成本。

4. 製作履歷細節不容忽視，第一印象至關重要

履歷製作的細節絕對不容忽視，通篇流暢、沒有錯別字的履歷才有可能得到更進一步的機會，求職者要營造好履歷給企業招聘人員的第一印象。

實習經歷或工作經歷一定要詳細注明。在大型企業實習過的求職者在履歷篩選時常常會佔有優勢。一般情況下，看到那些曾在知名企業實習過的求職者履歷，企業招聘人員都會重點關注。不過，求職者一定要將自己在實習中做什麼工作、擔任什麼職務寫清楚。

如果求職者將實習經歷寫得過於簡略或是不完整，會讓企業招聘人員認為這是求職者捏造的假經歷，自然不會通過第一輪的篩選。所以，如果你有在知名公司實習過的經歷，一定要詳細注明。

特殊技能要有選擇地注明。就英語而言，如果有託福、雅思、GRE/GMAT 成績的話，也可以寫上（如果分數過低就可以忽略不填）。

電腦作為全民普及的工具，求職者一般都能熟練使用。對電腦技術有特別需求的工作職位，會要求求職者注明電腦等級水準。若是電腦等級特別高，自然可以寫上，這也會為你的履歷加分。

一份好履歷，等於一張有「眼緣」的臉蛋

好的履歷恰似美女的臉蛋，走到哪裡都會有「眼緣」。毋庸置疑，一份令人無法抗拒的履歷將會使你「鶴立雞群」，瞬間攫取篩選履歷者的目光。

履歷的作用就是「拜帖」，一份高品質的「拜帖」通常具有 4 個重要特徵：首先，一定要有能吸引招聘方注意的個性風格；其次，要重點突出自己的專業技能，招聘方篩選履歷時，每份履歷所花的時間一般不超過 30 秒鐘，在這生死攸關的 30 秒內，求職者必須將自己的專業技能推銷出去；再次，要讓履歷上體現出來的自己是一個極具潛力的候選者，讓招聘方認為你值得進一步的研究、試用；最後，在「自我未來職業規劃」部分要多花點筆墨，應針對鎖定的職位表達出自己的職業規劃。招聘方一般比較喜歡看最後這部分的內容，以考察求職者的「抱負」是否與企業文化契合。

一份優秀的求職履歷是求職者給面試官的第一印象。做好履歷，讓第一印象為你所用，而不是對你的求職產生負面影響。履歷務必做到實用、誠實、可信且凸顯個性。因此，求職者有必要瞭解一下履歷的基本要素：首先是自我的基本情況介紹，包括年齡、性別、教育程度、個人特長等；其次是職業經歷羅列，包括從業時間、職位、負責的業務等；最後是求職意向，如果求職者連自己可以做什麼，求職的意向都模糊不清的話，企業會認為這樣的求職者缺乏必要的自信及清晰的自我定位。

如今，隨著科技的進步，資訊技術蓬勃發展起來，各種「網路招聘平台」應運而生。網路招聘平台發展得極為快速並且日趨完善，這個平台一方面為求職者及企業提供了一個便捷的互動管道，一方面也為求職大軍帶來了一個不容忽視的大問題——極容易湮沒在海量的求職履歷群裡，企業的招聘人員沒有足夠的耐心與時間去審閱每一份履歷。

那麼，對於這種狀況，求職者又將如何應對呢？

條例式求職履歷是很好的範本，將自己的工作經驗、負責的專案、所獲得的榮譽及技能認證盡量使用條例化敘述方式，順序上遵循「先近後遠、先重後輕」的原則。條例式的履歷可以讓招聘人員在極短的時間內對求職者的情況一目了然，這樣的求職者會讓招聘人員首先產生好印象。

有很多求職者製作完一份求職履歷之後，就一勞永逸地將其束之高閣。需要的時候就拿出來使用，並不隨時對履歷進行刷新、補充和完善。這樣的行為其實是對自己的極不負責。

要知道，絕大多數招聘網站都會根據履歷刷新時間進行自動排序，經常刷新的履歷自然而然會排位靠前，更有機會「先入為主」，而企業的招聘人員下載履歷時也會利用這項刷新功能。毫無疑問，那些「經年累月」沒有刷新履歷的求職者就會被過濾掉，直接淘汰出局，面試通知自然與之無緣。

對於企業來說，一個人如果連自己的求職履歷都如此馬虎對待，更不能保證他對自己的工作精誠以待。

除了時常刷新自己的履歷外，求職者還要明白，如果想讓履歷幫自己「殺出重圍」，就要將履歷內容有針對性地強化。不同的職位對於求職者的工作經驗、個人特質等方面的要求都會有不同的側重點，求職者應根據具體情況有針對性地突出自己的重點。

雖然一份模式化的履歷可以「大小通吃」，但是為目標職位量身定做的履歷將會更有殺傷力。

求職大軍浩浩蕩蕩，如何脫穎而出，除了「包裝」你的履歷外，將自己的履歷做到差異化也是必需的。為你的履歷添加一些好「作料」，會使你的履歷更具吸引人的「味道」。

1. 超越履歷範本

絕大多數的求職者在鎖定一個或幾個職位後，就會將已經做好的履歷上傳，其實這遠遠不夠。不要因為有履歷範本就可以偷懶，照本宣科的懶人是逃不出招聘人員明察秋毫的眼睛的。想要吸引招聘人員的眼球你需要付出一些努力，超越範本，消化架構，將自己獨特的優勢加進去，撰寫出專屬自己的履歷，這樣的差異化才具特色。

2. 啟用你的創造力

一般求職者的履歷都使用冗長的文字架構，如果你用網頁、ppt 等個性化表現手法彰顯自己的創新能力，則很容易奪人眼球。需要注意的是不要過度，不能為了形式而形式，否則就會落入假而空的窠臼。

小高雖然不是電腦專業的，但是他對電腦應用很感興趣，大學的時候經常會去旁聽電腦系的課程。一來二去，小高的電腦水準雖然稱不上很專業，但是比起一般人來還是高明很多。小高找工作的時候，很有遠見地將自己的電子履歷做得很精美，他用了 PPT 技術，在動畫搭配、色彩的選擇上都給人以美感。沒想到，就是這樣的一點「別出心裁」讓他在萬千求職者中多了一個閃光點，順利獲得了面試的機會。

3. 運用主動應聘選項

鎖定職位後，除了網上投遞履歷外，還可以將履歷發送至企業招聘信箱，增加自己被企業招聘人員掃描到的機率。在這個環節裡，「主動」是關鍵字，並且要盡量完美地「主動」。如果履歷投遞了一段時間後還是沒有得到回復，可以試著給對方電話，簡單地詢問，讓對方感受到你的積極和用心。打詢問電話時一定要用禮貌用語，並且不能打擾到對方的正常工作。否則，只會適得其反，令你後悔莫及。

這樣的履歷用人單位最感興趣

企業招聘人員在招聘新員工的時候，每天都要面對大堆大堆的履歷，好的公司、好的工作職位更是引來成百上千的求職履歷。有一位大型企業的人事經理說，他的下屬經常要用好幾個大口袋來裝求職者的履歷。

這位人事經理的話絕非虛言，很多大型企業都出現過這種情況。因此，求職者要想讓自己的履歷脫穎而出，入得面試官的法眼，心裡一定要有一本帳：什麼樣的履歷最討用人單位喜歡？

王玲還沒畢業的時候，就經常聽到師兄師姐們談起求職履歷的製作問題。其中一個後來找到好工作的師姐曾說過一句話，深深地印在了王玲的腦海裡。

這位師姐說，「履歷一定要搶眼！我找工作的時候把我的履歷用淡綠色紙張列印，在堆千篇一律的白色履歷中，我的履歷就非常吸引眼球了……」說者無心，聽者有意。就這樣，王玲暗自決定自己將來的求職履歷也要用彩色紙張列印，以奪人眼球。

畢業後，王玲也用彩色紙張列印了自己的求職履歷。只是，她的運氣並不像那位師姐那樣好，彩色履歷並沒有為她帶來好的工作機會。

履歷的製作非常重要，招聘方也喜歡看到製作精良的履歷。但是只在履歷表面上別出心裁是遠遠不夠的，更不要將履歷包裝得過頭了。過於豔麗的履歷反而會招致招聘人員的厭惡。

王玲的履歷的確別出心裁，很有個性。她之所以沒有找到一份理想的好工作，其實是由於她的個人能力不足所導致的。履歷是一個自我展現的平台，實質內容永遠比華麗的包裝更重要。

很多大學畢業生不懂得怎樣製作履歷，通常是從網路上找一個標準格式的履歷範本，按部就班地逐項填寫，覺得這樣就可以了。其實不然，履歷的製作要格外用心，只是滿足範本的填寫需要，而沒有在消化這個架構後體現出自己的獨特之處，這在求職中也是行不通的。

李曉東臨近畢業的時候，班級裡流傳著好多種履歷製作的範本，他就從室友的電腦裡拷貝了一份，將資料一五一十地補充上去，然後列印了十幾份，接下來就直奔人才市場去了。

可是，大大小小的就業博覽會李曉東趕了好多場，卻總是收不到面試通知。他很苦悶，就去找已經簽約了的同學取經。一個同學拿過李曉東的履歷看了沒一會，就指著李曉東的履歷說，「問題就出在你的履歷上。」

李曉東趕緊請他繼續說下去，「公司想從你的履歷上看到你的個人實力，你一定要將你的成績、技能和知識構成這些方面放在最前面，最顯眼的位置上要突出你想表達的重點內容。這樣的話，招聘單位對你這個人的實力就會一目了然。你這份履歷看起來經歷平平，你的英語和電腦技能還放在最後面，你考這麼高的分數和等級，當然應該將它們放在前面！」

李曉東的成績很不錯，只是在製作履歷的時候陷入了一個誤區，直接導致他的履歷被刷下。用人單位的招聘負責人面對大堆履歷，同時還有時間緊迫的招聘任務，他們在每份履歷上投入的時間都是非常短暫的。在這極短的時間內，實力突出的履歷才會有機會入圍，而那些工作經驗平平、技能也平平的履歷自然就會被拋棄。

如果不想在第一輪的履歷競爭中就被淘汰出局，一定要將自己最具優勢的實力項目先入為主地展現出來。求職大軍的競爭異常激烈，最出彩的履歷才有機會進入下一輪的競爭。

一份履歷展現出的個人實力是非常有限的，而一個人所具有的各種經歷又非常多而且雜，這些經歷或是經驗該如何篩選，體現在履歷上呢？

湯麗在大學主修的是新聞學，畢業後在一家廣告公司做文案，一年後離職，想謀求一份雜誌編輯的工作。

她在製作履歷的時候，將專業技能與工作經驗都寫得非常詳細，在個人品質一欄，她甚至引用了前公司對她個人的中肯評價。但是，湯麗並沒有突出自己在文字駕馭上的實力，也沒有拿出有效的業績證明附在履歷上。湯麗從一開始就沒能引起雜誌社的注意，幾輪面試過後，她被淘汰出局，雜誌社選擇了另一位履歷內容更豐富更出眾的求職者。

對於求職者來說，鎖定了目標職位只是第一步。在投送履歷之前，一定要在履歷和求職信中將自己與目標職位相關的技能與工作經驗重點展示。企業招聘時一般都是結合職位要求，對求職者與職位相關的經歷進行重點考察。一旦發現有適合這個職位的從業者，招聘人員便會馬上將其履歷留下，留待面試中重點考察。

所以，想要自己的履歷討得招聘人員的喜歡，在履歷的製作上一定要用腦、用心，萬萬不可掉以輕心。除了要在內容上下工夫之外，如果是應聘前台接待、文祕、行政助理之類的職位，還可將求職者的照片附上，從而給用人單位以更加直觀的印象。

投其所好，根據不同行業製作履歷

對於剛畢業的大學生來說，擇業面比較廣，一般不要局限於某一個行業或某一種職位，這樣選擇的機會自然就多些。但需要提醒的是，履歷最好不要通用。例如一位中文系畢業生，如果去學校應聘教師，要盡量把履歷寫得一板一眼；如果是去企業應聘廣告文案，則盡量把履歷寫得活潑，富有創意。因此，大學畢業生在還不明確自己的具體走向時，最好做到一個行業一份履歷。

李光明是一名藥劑學的研究生，拿到學位證書之後，他就開始謀劃工作的事情。李光明的職業目標首選大學教師，其次是大學輔導員，最後才是醫藥公司的研發人員。

確定好職業目標之後，李光明開始製作求職履歷。動手之前，他已經在心裡有了大致的規劃。他很清楚肯定不能靠一份履歷「打天下」，因此他製作了 3 份不同的履歷。應聘大學教師的履歷著重突出自己這些年來的科研成果和理論水準；應聘大學輔導員的履歷重點突出自己參加的社會工作實踐，包括一些很有價值的小細節；應聘醫藥公司研發人員的履歷則突出了自己的實驗室操作能力。

3 份履歷製作完成後，李光明將履歷投往不同的招聘單位。他認為，只有這樣才是真正的有的放矢。不同的行業不同的職位，對於求職應聘人員技能的要求自然也不盡相同，所以，李光明做了最充分的準備。

在實際求職過程中，情況的確如此。因此，求職者萬不可用同一份履歷投遞所有的職位。有經驗的求職者都知道，投送的履歷要有針對性。想要提高求職成功的機率，就要根據具體企業和具體職位對投送的履歷進行適當的修改和加工。求職者應在履歷中重點列出與所申請的公司、職位相關聯的資訊，淡化公司不在意、不重視的其他內容。如此一來，你的履歷才能脫穎而出。

招聘職位千千萬萬，求職者該如何把握履歷的不同關鍵部位呢？針對性原則是最重要的一點。

1. 針對不同的職位來製作履歷

履歷是敲開目標公司大門的「敲門磚」，所以應將求職者個人經歷中閃光的地方，與目標職位相關聯的地方展現出來。

2. 履歷內容與目標職位密切相關

在一份履歷中，與目標職位密切相關的內容是招聘人員篩選面試候選人的唯一標準。比如，諮詢公司會更看重求職者分析問題的能力，弱化求職者其他方面的內容；而市場行銷、產品銷售等職位則將求職者的人際溝通能力、交往能力放在首要的位置。

如果求職者應聘某個項目經理的職位，其過去的項目經歷，尤其是擔任項目負責人的經歷，就是與目標職位相關聯的內容。如果求職者應聘的是一個銷售或行銷人員的職位，其過去的銷售經歷，或者他在大學裡學習過的有關行銷課程就是與目標職位相關聯的內容。

想要找出這種關聯，需要去細緻瞭解目標公司對招聘職位的能力和技能要求。獲得這種資訊的管道有很多，可以通過目標公司的網站，或是在該公司工作的校友、朋友等關係去獲取，然後再按照這些要求對自己的履歷進行逐條修改，細緻檢查，以使自己履歷上的內容符合公司既定的要求。比如，如果求職者應聘的是某家廣告公司的美工設計，那麼他在履歷中就應該突出他的平面設計能力；如果他應聘的是化妝品的銷售人員，那麼，這一條資訊就應該刪除。

3. 針對不同的公司來製作履歷

想要獲得一份滿意的工作，首先要瞭解目標公司的企業文化、企業背景等相關方面的內容，然後按照這個大方向的要求，有的放矢，將自己身上的閃光點有針對性地展示給招聘方。使自己的專業特長、個性特徵以及做事風格，與目標企業的文化和理念契合起來，進而引起共鳴，為順利獲得理想中的工作職位增加籌碼。

總之，在投遞履歷之前一定要做好「基本功課」。因地制宜，投其所好，才不會讓自己付出的努力打水漂。

巧妙提高電郵發送履歷的命中率

2000年以前，求職的管道通常都是：就業博覽會現場向招聘的企業投遞履歷；將履歷直接送到招聘公司的前台；通過郵寄或傳真的方式將履歷傳遞到招聘公司。現在，所有這些勞民傷財、費時費力的投遞履歷的形式，在網路投遞履歷面前都失去了優勢。

用電郵發送履歷既方便快捷又節省了很多不必要的支出。由於電郵投遞履歷的巨大優勢，它已經成為眾多求職者首選的求職方式。

正是因為電郵的便捷性，所以，只要用人單位的招聘資訊一發出去，馬上就會引來成千上萬的求職履歷。可是面對如此多的求職履歷，招聘企業都會一一打開查看嗎？答案是否定的。在太多太多的求職履歷中，很多履歷還沒有被打開就被扔進了垃圾箱裡。

那麼，通過電子郵件給招聘單位發送履歷，怎樣做才能提高命中率呢？

1. 千萬不要把履歷只作為附件發送出去

人力資源管理專家一再地強調這個問題——一定不能把履歷只放在電子郵件的附件裡就發送出去。因為這個看似簡單的舉動，在很多時候，都相當於自己給自己的求職成功率打了一個大大的折扣。

實際情況是這樣的，當一個招聘資訊在網路上發布之後，許多求職履歷會立刻塞滿招聘方的郵箱。在一封封的求職郵件中篩選求職者，對於企業人力資源部門的工作人員來說，無疑是一個巨大的考驗。當他的眼睛非常疲勞，肩膀也非常酸痛的時候，終於輪到點開你的郵件了，可是——上帝啊，這位疲勞至極的招聘人員發現居然要打開附件才能看見你的履歷！

要知道，等待的時間可是漫長的——儘管只是半分鐘或者是更少的時間，但是對於重擔在肩的招聘人員來說，這個過程太漫長了！終於，他熬不住了，滑鼠輕輕一點，你的履歷被毫不留情地扔進了垃圾箱，再也沒有機會重見天日。無論你耐心地等候多久，也絕不會收到面試通知。

不要認為這樣的事情不會發生，不要覺得招聘人員「應該不會這樣缺乏耐心和責任心」。事實上，很多企業的招聘人員都是這樣做的。這其實也很正常，畢竟每個人的精力都是有限的，更不要說一個超級忙碌的企業人力資源部門的工作人員了。

2. 對照用人單位的要求寫履歷

市場上教求職者怎樣製作履歷的書籍有很多。其實，有一個最簡單的竅門，就是對照著公司刊登的職位招聘要求填寫履歷。很多求職者都忽視了這一點，囉里囉嗦、五花八門、包羅萬象地寫了很多，但其中能對上用人單位「胃口」的卻很少。

用人單位要的是什麼？不就是招聘廣告上要求的那幾點嗎！所以，研究用人單位的招聘要求是很重要的。不要隨意發揮，畢竟，只有「對上眼」了，才有可能獲得面試機會，也才有可能得到理想中的工作。

3. 在招聘網站填寫資料時，在姓名一欄加上簡短的特長自述

如果是用招聘網站系統發送，建議求職者在填寫招聘網站的資料時，在姓名一欄加上非常簡短的特長自述，這裡要注意一點，因為絕大多數的招聘網站在這一欄都是有字元限制的，所以只能是很簡短的幾個詞。求職者想要脫穎而出，一定要好好甄選這幾個關鍵字，力求醒目、突出，又能客觀真實地描述出自己的競爭優勢，這樣一來，也會讓自己的履歷在第一眼就給招聘負責人留下好的印象。

4. 用私人郵箱發送主題鮮明的應聘郵件

企業招聘人員的郵箱裡，每天都有無數的應聘郵件，主題無一例外，都是黑色的「應聘」字樣，看上去十分的索然寡味。求職者想要在第一眼就攫取企業招聘人員的眼球，應該在郵件主題上做點文章，突出自己的應聘優勢，以達到先聲奪人的效果。

如果求職者應聘的是市場部經理，招聘方的要求是最好有 4A 廣告公司的工作經驗，而你正好有這個工作經驗，那麼在郵件主題上你就可以寫上「具

有 3 年 4A 廣告公司市場部管理經驗」。這樣一來，企業招聘人員在查看郵件時，可以快速地將你的履歷與其他的履歷區別開來，你求職成功的機率也會提高很多。

當然了，這種主題鮮明的郵件是針對用私人郵箱發送的，如果是直接通過招聘網站上的系統發送，那麼對方收到的只能是統一的「應聘」字樣。所以人力資源專家建議，如果是求職者非常中意的、已經鎖定的目標公司，不妨用自己的電子郵箱直接發送履歷。

5. 投送履歷的時間很重要

很多人在網上投送求職履歷都很隨機，什麼時候有空或什麼時候看到自己感興趣的招聘資訊，就趕緊將自己的求職信和履歷發送給招聘單位。看上去很用心，對自己也很負責。其實，他們忽略了一個重要事實：第一個投遞未必被第一個看到，招聘單位最先收到的履歷，往往被壓在所有履歷的最下面，而最晚發送的履歷，卻排在最前頭。因此，選好發送履歷的時間非常重要。

那麼，求職者選擇什麼時間發送履歷最好呢？通常來說，每個工作日的上午九點左右，也就是招聘單位開始上班的時間。這樣一來，當招聘人員上網收履歷的時候，你的履歷自然就「近水樓台先得月」。

如果你在週末或節假日的時候，看到了自己感興趣的招聘資訊，可以先從網上瞭解一下招聘公司的相關資料，並對求職信和履歷做一些針對性的加工和修改，做好這一切後，別忘了把郵件發送時間定為假期後第一個工作日的上午九點，別早早地就發送出去，以免自己「起了個大早，趕了個晚集」。

缺乏工作經驗？沒關係！

對於求職大軍裡的應屆畢業生來說，缺乏工作經驗是造成他們撰寫求職履歷時下筆困難的最大原因。如果只是單純地填寫在校的學習成績、專業設計，以及學校、老師對於自己的評價，個人的愛好特長（諸如唱歌、跳舞之類的娛樂性愛好），或者再有一些獎學金的獲情況，這樣的履歷設計肯定會令招聘方倒胃口。

那麼，沒有工作經驗的求職者又該如何製作自己的履歷，衝擊招聘方早已麻痹的視覺神經，讓自己在激烈的競爭中拔得頭籌呢？

1. 將自己與目標職位相關的社會實踐詳盡羅列

撰寫履歷一定要用心對待，不要隨便提筆就寫。下筆之前，應先盡力地回想一下，自己以前都參加過哪些社會實踐，無論這種實踐是長期還是短期，哪怕只是做過一天，或者只是參加某一項促銷活動幾個小時，但凡與目標職位有關聯的，都可以將之寫在履歷上。

在這裡一定要注意，寫下來的實踐經歷必須要與目標職位有關聯。如果不管三七二十一，將自己所參加過的「陳芝麻爛穀子」的社會實踐全部寫上去，這樣枝枝葉葉繁多且雜的履歷會讓招聘方了無興趣，甚至會直接跳過你的履歷。

2. 羅列之後要進行有選擇地細緻描述

將與目標職位相關的社會實踐經歷羅列出來之後，下一步就是將它們詳盡地進行描述，這是讓你的求職履歷看起來更有競爭力的核心內容，一定要用心挖掘，好好表達。

3. 用專業術語將履歷文字進行有效地包裝

同樣是製作求職履歷，也同樣得到了經驗老到者的指點，但是小 A 和小 B 的履歷反映出來的情況就是天壤之別，小 A 用專業、老道的術語將履歷語言重新修飾了一下，而小 B 則偷懶，最後一個步驟沒有做好，最後的結果如下所示：

同樣是採訪、寫新聞稿這些字眼，小 A 寫的是「進行隨機訪問」「組稿、整合新聞稿」之類的，而小 B 則就是平實的「採訪、訪問」「寫作新聞稿」。在招聘方看來，小 A 的履歷體現出的不僅是小 A 的社會實踐經驗，還有他彌足珍貴的專業素養，雖然只是社會實踐，但是他勤奮、用心融入的形象已經躍然紙上。而小 B 的履歷給招聘方的感覺就是，他只是在進行社會實踐，並沒有用心去鑽研，專業素養則更是談不上。

儘管小 A 和小 B 的實力不相上下，都可以勝任廣告文案這一職位，但是小 B 的履歷明顯比小 A 的要弱很多，公司最終會錄用誰也就顯而易見了。

同一件事情，在不同人的口中，就會有不同的表達方式，而這些表達方式取得的效果也是截然不同的。追求專業效果是求職履歷的制勝法寶。履歷寫作要在保證實事求是的前提下，應盡可能地用專業化的語言來表達，這樣可以展現出求職者的專業素質。甚至，在一些比較模糊的數量詞上面，求職者應盡量使用清晰準確的數位，清晰準確的數位比含糊不清的數字看起來更自信、更有力，也更能吸引招聘方的眼球。

總之，對於大學畢業生來說，缺少工作經驗不可怕。將精力灌注於一份專業性較強，同時個人特質突出，又有實質內容，並足以讓人信服的履歷上，較之於那些隨隨便便在網路上下載一份履歷範本，隨性填充的求職履歷來說，你的這份履歷更容易得到面試的機會！

想在外企謀職，要會寫求職信

求職信是自我推薦的第一階段，與個人履歷的目的是一致的，主要是爭取面試機會。但是兩者又有不同，求職信針對特定的個人而寫，而履歷的製作卻是針對特定的工作職位，求職信是對履歷的補充和概述。

想在外企謀得一個職位，求職信的寫作非常重要。求職信一般由三要素組成：開頭、主體與結尾。開頭部分包括稱呼和引言，稱呼要恰當，引言的主要功用是最大限度引起招聘方的注意，然後進入主題，開頭要注意一下「眼球經濟」的效用，用言簡意賅但是可以突顯自己特色的語言文字來說明應聘的原因和目的。

主體部分便是求職信的重點了，簡潔鮮明地概述自己的履歷內容，羅列突出自己的專長，並力求自己的描述與所應聘的職位要求一致。這點一定要注意，投遞給外企的求職信一定不要誇大其辭，那些不著邊際、舌燦蓮花、自吹自擂的話語最好收起來。要知道，外企最看重的是員工的「誠實」品質。

結尾部分要把求職者想得到工作的迫切心情如實表達出來，請公司盡快答覆自己並給予面試機會，要注意的是，語氣要熱情、誠懇、禮貌有加。

外企求職信的寫作特點與要求如下：

1. 外企求職信一般要用外語寫作

撰寫求職信的過程本身也就反映出了求職者的外語水準，所以若想盡量展示出自己的外語能力與功底，就要力求做到語言措辭規範、符合外語閱讀習慣，盡量避免語法錯誤。試想，如果一個求職者連最基本的外語求職信都寫不好，外企又有什麼理由錄用他呢？

2. 求職信一定要表現出自信

外企的文化與我們的企業文化不同，我們講究的是「謙遜」，外企講究的卻是充滿力、熱情的自信。所以，投遞給外企的求職信中千萬不要流露出不自信的想法來，不自信是外企最忌諱的一個因素。我們的傳統講究「謙虛是美德」，求職者若是抱著這種態度面對外企招聘負責人，他們會認為這樣的求職者「缺乏自信」。

李女士畢業於某名牌大學，英語水準很高，她去應聘一家外企的高級管理人員，經過一番考試、篩選，最後只有李女士與一名男士進入了最後的面試。外企的一名負責人與他們進行了一次非常友好輕鬆的聊天，聊天過程中，這位負責人問他們:「中餐非常好吃，但是做起來卻很難。你們的廚藝好嗎？」

李女士與那名男士都沒有說話，外企負責人笑起來：「沒關係，實話實說就好。」那名男士理直氣壯地說：「我會做！」

李女士的廚藝很好，但是她微微一笑，輕輕地說:「我的廚藝還算可以。」

又聊了一會兒，負責人問他們：「你們都不會開車吧。如果給你們一個星期的時間，你們可以學會開車嗎？」話音未落，那名男士極有底氣地開口了：「當然可以！」

李女士想了想，說：「一個星期……可能有一點困難。」其實事實並不是這樣，李女士家裡有一輛車，她已經學習了三個月之久的駕駛，一個星期之內學會開車是沒有問題的。

最後，那名男士順利取得了這家外企的職位，原因很簡單：他有足夠的勇氣與自信面對工作中可能遇到的各種問題，這點是外企極為欣賞的。而李女士則被無情地淘汰出局。

與面試相同，在撰寫外企求職信時，不必太過謙虛，一定要充分強調自己的優勢與技能，讓外企招聘負責人清晰地看到你的長處。

3. 還是要遵循「針對性」原則

撰寫求職信一定要注意針對性，針對不同企業類型、不同工作職位，求職信的內容要適度變化，側重點要有所不同。針對性原則會讓你的履歷更加靠近你的目標職位，比如，你想應聘的是外企市場部的銷售人員，你就要特別突出你在把握市場脈搏、抓住消費者心理以及銷售技巧方面的一些優勢，至於那些電腦多少級、鋼琴多少級的內容則可以忽略不計了。針對性原則會讓招聘方覺得你的經歷和素質與所聘職位要求相一致，自然就會願意給你一個面試的機會。

4. 措辭應盡量客觀準確

求職者在展現自信的同時，還要注意「誠實」。外企招聘人員通常都不喜歡誇大其詞員工，所以求職者一定要實事求是。措辭的時候，還要注意多使用一些看起來極具鼓動性的詞彙，這會讓招聘方覺得你很有能力，比如：主管、組織、發起、推動、促使等等。

如果求職者能在求職信上將這些細節都做得很完美，那麼他的基本素質和綜合能力就已經躍然紙上了。

通常來說，外企求職信的篇幅不應過長，應控制在一頁紙之內比較合適。除了求職信以外，求職者還應同時發送履歷，而且，中英文履歷都是必須提供的。

想在外企謀職的求職者，還應該搞清楚目標外企所喜歡的人才類型：完善的教育經歷，一些國內外名校的畢業生更有優勢；具有極其豐富的實踐經歷，只會紙上談兵，沒有創造力的書呆子是不受歡迎的；優異的個人素質，具備主管的潛能；具有個性鮮明的性格品質，能為企業帶來鮮活的氣息。

什麼樣的履歷會被人資部門一看就槍斃

有些求職者花了很多心思，辛辛苦苦地製作了一份履歷，自我感覺十分滿意，滿懷信心地四處去投遞，結果卻等不來一個面試通知。他們百思不得其解，不知道到底是履歷的哪個方面出了問題。事實上，履歷的製作有很多「雷區」，如果求職者不小心誤入，人資部門們拿過履歷一看，當場就會給斃掉了。

什麼樣的履歷人資部門一看就會直接「槍斃」呢？

1. 裝酷

發送的電子檔履歷，郵件上只有標題和履歷，沒有一句正文。甚至連一句「附件是我的履歷，請您查閱，謝謝！」都懶得說明，好像人資部門是他們家的傭人一樣，這樣的求職者真有性格，太酷了！

事實是，你酷我比你更酷，人資部門看都不想看，直接斃掉。連最基本的禮貌都做不到的人，誰會認為他能很快融入一個團隊並做出很好的業績來呢？

2. 超級粗心

履歷前一頁剛剛寫上自己英語考了多高多高的分數，下一頁就看到「熟悉 Windous 作業系統」，這已經不是簡單的說謊話的問題，而是一種嚴肅的工作態度問題。沒有嚴謹的、認真細緻的工作態度，能把工作做好嗎？如果招聘的是企業的財會，隨便點錯一個小數點就夠企業承受的了！這樣粗心的求職者，公司當然不敢要。

3. 滿紙專業詞彙，彰顯自己是個專業人士

都說隔行如隔山，企業的人資部門修習的專業不會正好是你的那個專業，所以，如果你的專業是影像器材，請別把那些生僻專業術語全部照搬上來，規規矩矩地製作履歷吧。在自己的專業領域目中無人，並不會讓人資部門對你有什麼好感，只會感覺你是個狐假虎威的「科研狂人」。

一個心裡眼裡只有自己的專業，連最基本的人際關係都不會處理的人，人資部門也是避而遠之的。

4. 事無巨細統統羅列上去，把履歷當成日記

這類履歷看了令人非常倒胃口，無論是陳芝麻爛穀子，還是幾百年前的往事，統統都在履歷上詳細地陳述一遍。比如曾經擔任班級的生活委員，成功地組織了同學們的春遊活動，又成功地當上了校慶志願者等等，作為一份應該言簡意賅、有的放矢的求職履歷，這些生活瑣事就不用寫上去了。

這類履歷被斃掉實在是活該，誰都害怕祥林嫂式的人物——如果錄取了你這樣整天絮絮叨叨，把所有的小事都記得門兒清的員工，同事們豈不會被你嘮叨死？還是直接 pass 吧，以絕後患！

5. 昭示自己是獎狀專業戶

本來寫上自己所得到的榮譽和獎項是無可厚非的事情，但是如果一連串都是一模一樣的獎項，那就很搞笑了。比如，2006 年優秀學生幹部、2007 年優秀學生幹部、2008 年優秀學生幹部……獎狀專業戶是什麼意思？在人資部門看來，這名求職者在大學裡除了拿獎狀，其他什麼事情也沒幹。退一步講，即使這些獎狀能證明求職者「很優秀」，可是為什麼連一些最基本的提取、歸納、總結的邏輯能力都不具備呢？

6. 令人嫌惡的形式主義和浮誇作風

求職者應該知道，企業的人資部門也是念過大學的，你在大學裡做過的那些事情，擔任過的那些職位，人資部門也都懂，浮誇風就免了吧，「放衛星」是行不通的。

一些資深人力資源專家曾為求職者製作履歷參考，如果你能做到以下這些，那你的履歷就不會被人資部門們直接斃掉了，你獲得面試機會的概率也就大大增加了。

第一招：製作履歷目的要明確，別把履歷製作成個人檔案

製作履歷其實就是一個自我推銷的行為，如果自身這個產品很不錯，但是行銷沒有做好，結果也是必然失敗。履歷就是求職者個人的縮減版廣告，並不是一個個人檔案。既然是廣告，那麼任何時候都要以追求廣告效果為重。不能因為想要表達的事項特別多，就不管三七二十一不加選擇地全部寫上去。

以獲得獎項為例，在一般人看來，獲得了 10 個獎狀的人肯定要比只獲得了 2 個獎狀的人厲害，但是，如果求職者一五一十地把 10 個獎項全都羅列上去，所取得的效果可能還不如只寫 2 個獎項的履歷好。所以，為了履歷的廣告效果，求職者必須要有所取捨。

第二招：拒絕平庸，求職者一定要突出特點

看完一份精彩的履歷，人資部門的腦海裡對這名求職者的印象會自動歸結為一個點。比如「這個人喜歡嘗試新鮮事物」「這個人擅長公關交際」等等，從廣告效果上來說，人資部門提煉出的這一點就是求職者的履歷要達到的效果，這個效果直接決定求職者是否適合這個職位，所以求職者務必要好好把握。

舉例來說，比如招聘單位需要一個市場銷售，但是眼前的這份履歷卻處處是科研術語，人資部門就要感嘆了：這不是一個書呆子嗎！請記住，你的履歷一定要具有廣告效果，而且，要突出一個你最想突出的效果。如果你什麼都想要，想告訴人資部門你科研很專業、做事有耐心、交際能力超級好、詩詞歌賦、琴棋書畫樣樣精通、思維創新、踏實肯幹、認真嚴謹……，那其

實等於什麼都沒說，人資部門也什麼都記不住。求職者要切記，你不是一個超人，也不是一個全能型運動員，你所要應聘的職位只是一個，盡量寫那些與應聘職位關係密切的事情吧！

平淡無奇的履歷是最倒胃口的，想要脫穎而出，不如給企業的人資部門來點顏色！

第三招：別在細節上翻了船

很多履歷都是死在細節上的，比如發電子郵件的時候，標題寫得極其模糊，正文一句話沒有，附件又非常大，很難打開，或是附件的格式弄錯了。這些小細節可能不太會引起你的注意，但是在外企，尤其是那些知名的企業人資部門篩選履歷的時候，只要是在這些細節上不注意的履歷或是求職信，就會被隨手扔進垃圾箱，一點情面都不留，即使你的履歷內容寫的再好，人再有才，也沒有機會進入人資部門的法眼。

如果求職者不希望自己精心製作的履歷被人資部門隨手 pass 掉，那就多加小心，別誤入履歷「雷區」。

怎樣能使電子履歷更搶眼

據某招聘網站的統計資料顯示，通常情況下，規模較大或知名企業每星期會收到 500 ～ 1000 份電子履歷，其中 80% 的電子履歷在企業人資部門瀏覽不到 30 秒後就被拖進了垃圾箱。

因此，要讓企業人資部門在 30 秒甚至是更短的時間內，通過一份 E-mail 對某位求職者產生興趣，其難度與跟企業直接見面相比要難很多。

其實，讓自己的電子履歷更搶眼的方法也不難掌握。人力資源管理專家建議，想要在電子履歷這一環節取得人資部門的青睞，關鍵點在於求職者是否擁有一份個性化的電子履歷。

1. 有意識地放大你的「賣點」

履歷中有幾欄是用來給招聘方留下深刻印象的，也是決定公司是否給求職者面試機會的關鍵。如何寫好這幾部分的內容非常重要，可以從以下幾個方面著手打造。

（1）成績

過去的成績雖然不是衡量一個人能力的主要因素，但是可以間接說明求職者的某些技能。如果你有很好的成績，那麼勇敢地、有條理、有選擇地突出它們吧，讓成績去打動你的雇主，突出你的技能和成績，強化、支持你的履歷標題。集中筆墨對自身具有的能力進行細節描述，不要忘記運用數字、百分比或時間等等量化指標對成績加以強化。

清晰直觀的成績闡述，會讓人資部門看到求職者個人能力的具體表現，從而對求職者產生深刻印象。

（2）能力

對自己的各方面能力加以歸納和匯總，切記要揚長避短，以自己無可挑剔的工作能力和個人魅力征服人資部門。措辭及語言風格也要十分注意，用詞應簡潔明瞭，觀點鮮明，切勿長篇累牘地堆砌文字，讓企業人資部門不知所云。

（3）工作經歷

工作經歷應該包括求職者所有的工作歷史，不管是有償的還是無償的，全職的或是兼職的。前提是要保證真實性，在這個前提下，求職者應盡量擴充與豐富自己的工作經歷，用詞要求仍是簡練、簡潔、鮮明。還要注意一點，不要只針對工作本身，業績和成果也很重要。

（4）技能

列出所有與求職有關的技能，你將有機會向招聘方展現你的學歷和工作經歷以外的天賦與才華。邊回顧邊羅列以往取得的成績，對自己從中獲得的體會與經驗加以總結、歸納。這樣的經歷和事項可能很多，但是你的選擇標準只有一個——這一項能否給你的求職成功帶來幫助，如果不能，就不要將其寫在履歷上了，一定要有所取捨！

(5) 嘉獎

履歷中的大部分內容是求職者過往的經歷和昔日成績的主觀記錄，而榮譽和嘉獎則會賦予它們實實在在的客觀性、可信度。這些獎項是求職者資歷的重要證明。但是，在這裡仍是要注意「針對性」原則，不能包羅萬象，一定要突出這個嘉獎與求職者所求職位的關聯性。

2.「開場白」一定要講求「眼球經濟」

求職並不是空想就可以成功的，最基本的就是要對自己有一個客觀且全面的瞭解，然後再根據自己的實際情況準備好求職材料，其中，求職信和履歷是最基礎、最核心的求職材料。

求職信的地位非常重要，可以說是履歷的「開場白」。這個開場白的功能就是，激起招聘方的興趣繼續閱讀下文——履歷。為了使招聘方瞭解求職者申請的是哪個職位，並對求職者有更多的印象，發履歷的時候，都應該寫一封求職信並隨履歷同時發出。這個細節被很多求職者忽視，以為只要發送履歷就可以了。

求職信的內容包括三個部分。一是求職目標，明確鎖定的目標職位；二是求職者個人特點的小結，將自己的履歷增加可讀性，讓人資部門的視線在履歷上多停留幾秒鐘，即使是幾秒鐘也是彌足珍貴的；三是昭示自己的決心——簡單有力地顯示自己的信心，而不是虛誇，讓企業人資部門感受到你的真誠。

3. 切勿用附件發送

你還在以附件的形式向公司發送履歷嗎？你是否已經感覺到你收到面試通知的次數越來越少？是的，儘管以附件形式發送履歷看起來效果比較好，但是因為害怕病毒的威脅，很多公司都要求求職者不要用附件發送個人履歷。甚至有的公司會在第一時間把所有帶附件的郵件全部刪除。

在這種情況之下，無論求職者的履歷從內容文字到排版風格，花費了多少心思，投入了多少精力，但企業人資部門根本就不會看到你的履歷。

另外，在電子履歷中一般不要附帶自己以前發表過的作品或是論文，這也是從病毒威脅的角度來考慮的。通常情況下，招聘單位都不會仔細閱讀電子履歷附帶的作品，所以，求職者沒有必要在這個地方浪費時間。

4. 在履歷的排版上多加點「美感」

愛美之心人皆有之。求職者的履歷排版若是美觀大方，會使企業人資部門為你增加「卷面分」，從而大大增加你獲得面試的機會。

求職者需精心設計一份純文字格式的履歷，這種設計並非無章可循，有一些小技巧可供參考：①注意設定履歷的頁邊距，使履歷文本的寬度在 16 公分左右，這樣可以使你的履歷不會自動換行，有利於保持履歷最初的排版美觀；②盡量用較大字型大小的字體，企業人資部門審核太多的履歷了，眼睛會疲勞，字型大小大一些會讓人資部門看起來舒服一些，但是要用過大的字體，會影響履歷的整體美觀；③如果求職者想要使自己的履歷看起來與眾不同，可以用一些特殊的分隔符號來區分履歷各部分內容，這會收到一些意想不到的效果。

在此，我們再為求職者推薦幾種搶奪人資部門眼球的經典技巧，以供參考：

（1）求職者在進行網上求職時，主要精力應放在擁有人才資料庫的招聘網站上，把自己的履歷放在這些招聘網站的資料庫中。要知道，絕大多數的招聘單位都會來這些網站瀏覽履歷或是招聘員工。所以，求職者不要漫無目的地亂發履歷了，應讓自己成為這些資料庫網站中的一員，這樣可以提高自己的履歷被企業人資部門看到的機率。

（2）在申請同一家公司的不同職位時，求職者最好發送兩封不同的電子履歷，這是因為有些求職網站的資料庫軟體會自動過濾掉第二封相同的郵件。前面已經多次強調，求職履歷不能只製作一份。一份履歷打天下的時代已經過去了，「針對性」原則一定要利用起來。

(3) 發送電子履歷時一定要錯過上網高峰期，上網高峰時段一般在中午到午夜這段時間。在高峰期發送履歷不僅傳遞速度特別慢，而且有時還會出現一些錯誤資訊，所以，求職者應盡量避免。

總之，將自己的電子履歷製作得搶眼非常有必要，它是推銷自己的重要手段。一份能夠抓住人資部門眼球的好履歷，可以讓求職者在找工作的過程中獲得更多的面試機會。

缺乏優勢的求職者如何「修飾」履歷

履歷對於個人求職的作用不可小視，履歷中要體現的是求職者的個人技能與優勢，但是，如果求職者缺乏優勢，履歷又該如何製作呢？

一般說來，求職者的劣勢具體表現在以下幾個方面：頻繁跳槽抑或是跨行就業；剛剛步入社會，實際工作經驗極度匱乏；教育背景一般——沒有學位抑或是學歷太低等。找工作的時候，基於求職者對自身情況的瞭解，加之對於好工作的追逐心理，就會在潛意識裡想到要對自己的求職履歷造假，或深或淺地「修飾」一下自己的履歷，認為這種「修飾」就像是美女出行前的化妝一樣，可以為自己的「形象」加分。

這種想法無可厚非，但是在履歷裡造假還是免了吧。求職者要清楚，假的永遠真不了。如果依靠造假的求職履歷謀得了一份工作，一旦假相被識破，無論你在新的工作職位上做出多好的成績，對新公司做出了多大的貢獻，你欺騙公司的行為都永遠不會被原諒，而且會一直伴隨著你，成為你心中永遠無法抹去的陰影。

因此，千萬不要想著在履歷裡造假，明智的做法是對自己的求職履歷進行科學合理的揚棄，突出強項，淡化弱項，讓自己的履歷具有推銷自己的廣告效用，同時，又使履歷具有吸引力和真實性。

那麼，缺乏優勢的求職者該如何修飾履歷呢？

1. 將實習經歷寫進履歷

剛畢業的大學生當然沒有多少工作經歷和工作經驗，所以，將自己具有的實習經歷與社會實踐有選擇地寫進履歷裡，是非常必要的。

實習的經歷應作為相應的工作經驗寫進履歷之中去，因為實習期間的工作性質和內容與真正參加工作基本類似，往往需要實習者自主完成工作任務。除此之外，如果畢業生在校時已經修習過與所應聘的工作有直接關聯的知識，也有必要在特長欄目中體現出來。

如果求職者熟悉某一領域最新的前沿技術與發展趨勢，非常有必要將這一特長表達出來，以提升自己的職業價值。如果求職者具有其他行業的工作經歷也不要省略，這些雖然與應聘工作關係不大或沒有直接的關係，但其工作經驗同樣可用來說明求職者的能力所在。

招聘方通過這些事項，對求職者個人能力和適合從事的工作，會有一個直觀的印象，有利於招聘方對求職者的初步評估，因此，實習經歷一定要寫進履歷裡。

2. 剛畢業的大學生如何「修飾」劣勢

剛畢業的大學生初涉社會，由於他們與社會實際接觸很少，並沒有經歷過找工作的各種挫折，所以往往自我感覺良好。而實際的就業情況卻是，公司更喜歡有豐富工作經驗的員工，一般都會將手伸向那些「職場老人」。

沒有工作經驗，沒有經過職場淬煉，剛畢業的大學生在求職履歷中，應該如何「修飾」自己的劣勢呢？

簡單來說，就是揚長避短，重點突出自己所受的專業教育與訓練經歷，這一點十分必要。這裡尤其要說明的是，若求職者修習過與所應聘的職位有直接關係的課程，則一定要在履歷裡著力體現出來。

3. 求職者的學歷或學位低於應聘要求

不可否認，在實際生活中有很多工作經驗豐富，同時自身能力很強的人，但是他們沒有相應的高學歷或學位。在企業招聘人員篩選眾多履歷的時候，由於缺乏切實可行的選擇標準，所以一些學歷不高、能力超強的人往往會被淘汰出局，實在令人惋惜。

為應對這個劣勢，求職者可以在求職履歷中重點突出自己的工作經驗部分，由於教育背景是必填項目，求職者可以對其進行簡單描述，以己之長蓋己所短。

如果求職者具備了應聘職位所要求的工作經歷和專業技能條件，但沒有良好的教育背景，最聰明也最簡單的辦法就是，具體羅列出自己曾經受到過的訓練內容和受訓後取得的考試成績，以及應用到工作實踐中的實際效果，而不要「表白」自己不具備招聘方所要求的學歷與學位。

求職者不要認為這樣製作的履歷是在「偷換概念」，其實這樣做不僅沒有欺騙用人單位之嫌，而且可以避免求職者在第一輪篩選時就被淘汰的噩運。

如果求職者借助這份精心製作的履歷順利通過初審，在面試中一旦被招聘人員認可，他們就會忽略求職者的學歷而去認同他的能力，甚至會幫助求職者向老闆申請破格錄用。畢竟，在現代職場裡，只有能為企業創造價值的員工才是好員工。

履歷中千萬不可涉及的「雷區」

履歷的成功與否直接關係到一個求職者是否可以得到面試的機會，所以，一份好履歷就是一件超好的行銷利器，可以將你成功地「推銷」給招聘企業。

但是，履歷中也潛伏著很多不能逾越的「雷區」，想要求職成功，就要有效規避「雷區」，以免被炸得面目全非。

1. 在履歷裡作假、言過其實

假文憑、假身份、假發票、假廣告等一些騙人的伎倆，讓很多人、很多企業都深受其害。現如今，一些大學畢業生為了求職方便，竟然在履歷上也造假。可事實是，原本想著瞞天過海，但最終卻適得其反，一旦被公司識破，不僅工作泡了湯，還很有可能在同行業內被標名掛號，影響一生的職業發展。

張磊很想得到一份高級技工的工作，但是他也知道，想得到這份工作的人很多，其中不乏能人——學歷比自己高、資歷比自己老、能力比自己強，經驗當然也比自己更豐富。冥思苦想了一個晚上，張磊靈機一動，他決定在自己已經做好的履歷上做點「小動作」，讓自己顯得更符合這份工作的要求。

憑著這份看似完美的履歷，張磊獲得了面試的機會，但是在面試過程中，他發現自己加進去的「料」竟成了面試官們緊緊盯住不放的話題……

畢竟張磊的實力並沒有履歷上說的那麼強大，身經百戰的面試官們很快就發現了這個問題，當然不會錄用張磊。事情遠遠沒有結束，張磊在履歷上作假的事情在業內傳開後，他的個人聲譽也受到沉重打擊。

像張磊這樣，因為太想獲得一份工作就按照招聘職位的需要，在履歷上添枝加葉，甚至不惜弄虛作假的求職者，即便在面試中表現良好，蒙混過關，在日後的工作中也遲早會露出「尾巴」。

在履歷中誇大其詞，讓自己的履歷看起來更有「分量」，無疑是給自己的職業生涯埋下了一顆地雷，這顆地雷不知道什麼時候就會爆炸，讓那些虛張聲勢的求職者陷入無比尷尬的境地。

企業在注重求職者的專業技能的同時，更注重求職者的個人品質。一般公司在選拔人才的時候，都會採用三道程式：履歷、面試、核查。履歷是吸引用人單位注意的重要一步，企業可以通過履歷對求職者有一個大體的瞭解，做一個初步的評判。面試和核查才是最關鍵的環節。

2. 別出心裁地製作華麗的履歷

通常情況下，將履歷製作得精美華麗，在措辭上絞盡腦汁地選用精美的詞句，或是別出心裁地在自己的履歷上噴灑「香奈兒五號」，在某種程度上，確實會更吸引招聘方的注意力，將招聘方的眼神多吸引一點時間。

那麼，樸實無華的履歷是不是就沒有市場了呢？實際情況也並非如此！優美動人的詞句並不會向招聘人員顯露出求職者自身的重要資訊，有時還會顯得履歷的主人太過感性，甚至有婆婆媽媽、囉里囉嗦之嫌。

履歷的作用就是突出求職者的個人能力，因此，簡約、清晰地設計好自己的履歷，重點強調自身所具有的專業技能與工作職位之間的關聯。也就是說，作為求職者，你到底能為公司做些什麼。

3. 選用怪異的紙張製作履歷

肖菲菲在製作履歷之前就打定主意，一定要讓自己的履歷醒目又奪目。於是，她選取的履歷紙張是粉紫色的美術紙，又厚實又漂亮。她覺得自己的決策真是太英明了，試想一下，在一堆了無新意的白色履歷堆裡，自己粉紫色的履歷將是多麼的奪人眼球啊！

但是，事情並沒有向肖菲菲預想的方向發展。好多天過去了，她投遞出的履歷竟然一個回音都沒有收到。她很苦惱，不知道問題究竟出在哪裡，她的一個室友試探性地說：「或許，是那些粉紫色履歷的問題，企業會認為你是一個招搖分子也說不定哦！」

履歷紙張的選擇還是遵循常規比較好，企業招聘負責人一般不會看重那些看起來稀奇古怪、浮誇的履歷。他們會認為這樣的求職者是「不走尋常路的不守常規的人」，從工作發展的長遠考慮，企業是不歡迎這類員工的。除非工作職位確實需要一個這樣「異類、不凡」的員工，但是這樣的概率非常小。

對於履歷紙張的選擇、履歷風格的敲定，最保險的方式是堅持標準的職業準則，最起碼不會讓企業認為你是一個「不安定分子」。

4. 履歷上的信息事無巨細、包羅萬象

很多大學畢業生或是已經有了一定工作經驗的人，喜歡在自己的履歷上羅列自己認為不錯的所有條目。因為不懂得如何篩選，所以讓整個履歷看起來就像一本流水帳，缺乏重點，加上信息量非常巨大，令人有目不暇接之感。招聘方看著這樣一份找不到重點的履歷，會喪失給求職者面試機會的興趣。

李興的履歷足足有 6 頁，上面將他在大學裡的職位、參加的所有社會實踐都寫了上去，甚至將老師、同學們給他的評價也引用了；第二頁就是他在實習單位的一些經歷，從擔任的職務到負責過的大大小小的專案都寫得一清二楚；第三頁就是李興的職業目標了，裡面有很多豪言壯語，還有一些崇高目標。

李興認為這樣詳盡的履歷將自己的情況介紹得一清二楚，會讓招聘方更好地評判他。但是，事與願違，李興並沒有如願找到自己滿意的工作。

其實，在履歷中要突出的是自己的能力與應聘的職位有關聯的因素，這是最重要的，其他的細枝末節應根據具體情況加以選擇，不必和盤托出。一份精心準備的、簡潔而有條理的履歷會給招聘人員留下很好的印象，當然也會不吝惜給你一個面試的機會，以加深對你的了解。

求職履歷的十大致命缺陷

想找到一份工作，似乎總是太難。求職者每天發出 N 份履歷卻都是石沉大海、毫無音訊；招聘人員每天閱人無數，卻總難有讓自己「眼前一亮」的千里馬。求職難與招聘難已經構形成了普遍性的供求矛盾。其實很多時候，問題就出在求職者的履歷上，企業的招聘人員常常抱怨說，「有的履歷亂七八糟根本是瞎投，有的履歷過於花哨本末倒置，有的不曉得要表達什麼東西，還有的出現很多明顯的低級錯誤。看得頭疼死了！」

為了使求職者避開求職中的低級錯誤，盡可能為自己贏得面試機會，我們將求職履歷中存在的一些共性的問題進行歸納總結，希望可以幫助求職者不再「明知故犯」。

1. 缺乏針對性

用一份標準模版下做出來的履歷用於多種行業、多個職位的求職。精明的人資部門稍微掃上一眼就能明白，此人擁有「一份履歷打遍天下」的「雄心壯志」。沒有針對性，你自然入不得人資部門的法眼！

2. 職業路徑混亂

一年之內換了三四家公司，三年之中從事過六七種行業，職業經歷沒有連貫性，頻繁跳槽、職業生涯空白期一目了然，盡收於人資部門的眼底。職業路徑這麼亂，哪家企業敢用你！

3. 投遞職位與經歷不匹配

企業明明招聘的是網路工程師，而主要經歷為平面設計師的你也去湊熱鬧，結果自然是直接「槍斃」。也許有些求職者是想通過跳槽來實現職業轉型，但在履歷中缺少明確表達。如果職業目標不確定，將會直接導致求職的低效率。企業想要的是能創造價值的人才，而不是那些還需要學習鍛煉的實習生。沒有相關從業經歷、達不到職位要求的你，企業如何能大度「收容」？

4. 資訊表達不到位

描述工作經歷時，只羅列工作內容，注重表達自己曾做過什麼，很少有人能從以往工作經歷中體現出自己的價值。有的求職者在工作內容一欄裡，甚至只有六七個字。比如，有一個工作了兩年的銷售員，說自己先是「儀器儀錶銷售」，然後是「賣一、二手房」，最近一份是「置業顧問」。真是惜字如金！幹過是一回事，幹得怎麼樣又是另一回事。做銷售的人不用數字說話，如何瞭解你的能力，企業憑什麼選你？

5. 未表達真實價值

花了幾百字來描述自己曾經的學習背景和工作經歷，甚至是參加過怎樣的特殊訓練，文筆流暢，頗富感情，感受真實，但就是讓人看不懂這些經歷的背後自己積累了多少寶貴經驗和技能。對於求職者來說，會總結比會表達更重要，一個好的產品要想被市場接受，首先得亮出它的價值與特色。想把自己推銷出去，表達自己真實價值才是關鍵！

6. 相片不合適

履歷配上一張相片可以加深人資部門對你的印象，但有很多求職者不知道應該選用什麼樣的照片。有的用 Q 版大頭貼，可愛搞怪五花八門；有的是裝嗔真人秀，騷首弄姿極盡嫵媚；還有的是自拍狂，用家裡的窗簾、書桌、衣櫥做背景，統統當作附件發送。很多人資部門坦言：一份履歷配上好的相片能加分，而一張不合時宜的大頭貼很可能讓你直接 out。

7. 資訊錯亂明顯

履歷中有明顯的資訊或邏輯錯亂、工作經歷重複填寫、重要資訊漏填、語句不通、錯字連篇、胡亂斷句、表達混亂，甚至濫用省略號、破折號等等。曾有求職者這樣寫自我評價「我是一個非常感性的人，挺適合貴公司的職業規劃師一職，不知你對我的感覺如何……」，如此「感性」的表達，真讓人資部門哭笑不得。

8. 同企業多投

同一個人發來幾份同樣的履歷，從郵件標題中可以得知，原來此人既想做前台接待，又想當置業顧問，還想做行政助理。針對同一企業的不同職位投送多份履歷，本想表現「我啥都能幹，務必給個機會吧」，孰不知卻被精明的人資部門貼上了「恐怖分子」的標籤。你敢多投，人資部門就敢直接把你納入「惡意投遞黑名單」！

9. 隱瞞基本資訊

履歷不寫真實姓名，用「李先生」「張小姐」等字樣代替，工作背景描述中，常常以「A 公司」「某公司」「B 經理」「某主管」來代替，故意隱瞞其真實資訊。這樣一方面給人資部門的背景調查帶來了困難，另一方面也讓人資部門覺得求職者嚴重缺乏誠意。把自己重重包裹起來的求職者，企業怎敢大度接納你？

10. 海投履歷，接電話時很健忘

經常有一些失業很久的求職「雷人」，急於想找到一份新工作，因而在招聘網站投遞履歷時不挑不撿，將搜索出來的職位「全部選中」，然後一次性地進行履歷發送。結果，被聘網站的系統自動打上了「系統懷疑該履歷為惡意投遞」的遮罩標籤。求職者在望眼欲穿的等待中，全然不知那是自己「一小時投遞一千封履歷」的海投行為惹出的麻煩。因此，求職者在進行網路履歷發送時切不可毫無目標的海投！一定要找準自身定位，明確自己的職位目標。

喜歡進行海投履歷的求職者，他們在接到面試通知時，常常不在狀態，對自己投過的職位壓根沒印象，「請問你是哪家公司，我應聘的是哪個職位？」一問三不知，這樣的求職者，企業怎麼可能相中你？

以上十大問題，可以說是求職履歷的致命缺陷，導致這種結果的主要原因在於求職者缺乏清晰的職業生涯定位和職業規劃，當然也有一些技術性的小問題。如果求職者不認真解決好這些問題，繼續盲目求職亂投履歷，不光會害自己要花費更多的時間和精力不斷重複著求職面試，也會害企業浪費更多的人力和資源來篩選適合企業的真正人才。重視你的每一次求職機會吧，履歷是個雙刃劍，它可以帶你走向平庸，也可能助你邁向成功！

履歷很重要！但不要把「寶」全押在上面

履歷在求職中的重要作用不言而喻，履歷是求職者謀求一份工作的「開路先鋒」，也是至關重要的「推薦廣告」。如果履歷製作得不好，即便有再強大的溝通技巧也無法見到面試官。在某種程度上，履歷是決定求職者能否得到寶貴的面試機會的關鍵。

正因為履歷如此重要，所以很多求職者在求職時都特別注重履歷的作用。但是，會製作履歷、會投遞履歷距離會求職還有很長一段距離，擁有一份完

美的履歷只是求職路上的第一步。只追求履歷的完美，而忽視了其他的細節，在一些人力資源管理專家看來，其實這是在「捨本逐末」。

朱榮浩是個非常聰明的人，在還沒畢業之前，他就開始四處取經，並在網路上學會了很多關於求職履歷製作的攻略，在「閉關修煉」了一個月之後，他開始結合自己的實際經驗製作求職履歷，那些間接或是直接的經驗給了他很大的幫助。

事實證明，朱榮浩已經玩轉了求職履歷的製作，他的履歷非常精良，誰看了都不相信這是一個第一次求職的大學生製作的履歷。

朱榮浩信心滿滿地拿著精美的履歷到處求職，一口氣投了幾十家單位。他想撒開大網撈大魚，不相信就接不到面試通知！

然而事實是，朱榮浩根本就沒有接到面試的通知，他為此糾結了很長一段時間，仍然堅持認為是自己的履歷做得還不夠完美，準備加大馬力繼續攻讀履歷製作攻略……

朱榮浩的遭遇也是很多求職者的遭遇，自己本身的能力還不錯，履歷也製作得很精美，但是卻收不到企業的回音。這種情況有多種可能：比你有才的人太多，你的精美履歷就顯不出「彩」了；公司對華麗的履歷並不感興趣，他們看重的是求職者的實際工作能力；求職者的履歷看上去很好，但缺少他們真正感興趣的東西……

履歷很重要！但是不要把寶都押在履歷上。要想求職成功必須從多方面下手。

在如今無論幹什麼事都要靠腦子的千變萬化的市場上，求職自然也不能獨善其身。除了要製作一份完美的履歷，求職者還要注意一下其他的輔助策略。

李亞走出就業博覽會的大門的時候，充滿感慨地回頭看了一眼，會場的地板上鋪了厚厚一層履歷，有正統的白色履歷，也有精美的彩色履歷。這些履歷的主人花費了很大的心血，可最後連公司的大門都進不去……

李亞搖搖頭，捏著手裡的一疊履歷，他突然靈光一現，知道自己要怎麼做了。既然這樣的求職管道競爭太過白熱化，他就必須改變思路與策略。

第二天，李亞拿著事先經過完善的資料走進了目標公司，他向前台有禮貌地問詢清楚後，直接敲響了這家公司人事經理的門。當時人事經理正在篩選履歷，他對著3份看起來都不錯的履歷左右衡量，李亞得到允許後走進去，大方地在椅子上坐下。

說明來意後，人事經理請他先看一下那3份履歷，然後讓他說說自己有什麼突出的能力可以讓公司錄用他。李亞鎮定了一下，然後說到：「審核履歷是您的工作，作為公司之外人員，我是無權查看這些履歷的。至於我，我認為除了履歷沒有製作得十分精美之外，我本身的從業經驗與以往的職場積澱，是完全可以勝任這份工作的。」

人事經理對李亞的回答很感興趣，示意他繼續說下去。李亞抓住時機，將自己履歷上體現的東西詳略得當地敘說了一遍，還補充了自己以前做過的一個銷售文案。

最終的結果是，李亞得到了這份看起來很難得到的工作。

如果李亞也和其他人一樣，只是投遞一份履歷就算完事，那他是不可能得到這份工作的。要知道，好履歷多的是，想要通過多達幾輪的篩選非常不易。這時候，如果你想從求職大軍中出挑，就必須另闢蹊徑。

像李亞那樣直接去目標公司找到負責招聘的相關人員是求職方式之一，但是並不是每一家公司都會對求職者這樣的行為大開綠燈，想要使用這一招，一定要謹慎，以免適得其反。

有位已經做到企業高管的黃先生，曾講述自己當初求職的經歷。從黃先生的求職經歷中可以看出，除了履歷之外，還有很多其他的求職管道，只是需要求職者自己去尋找去把握。

黃先生以前供職的公司，因為決策層在企業發展問題上產生重大分歧，導致員工隊伍分崩離析。失去了工作之後，黃先生馬上開始尋找下一份工作。不過，這次尋找工作他沒有用履歷，而是將一張匯票交給了目標公司的招聘人員，這是他最近談成的一筆大生意，匯票上的數額很是顯眼，足見他的銷售能力。

就是這張匯票為他爭取到了面試的機會，招聘方對他的工作經驗很是滿意，對他的工作經歷也很是感興趣，錄用了之後，果不出公司所料，他的工作能力很突出，一直做到現在的高管職位。

履歷很多時候可以衍化為另外一種形式，求職信、名片或是其他的東西。在這些攻勢下，求職才會變得更加有競爭力。儘管求職中履歷不是唯一的決定因素，但在求職中，如果連履歷都做不好的話，也就別怪企業不能「慧眼識珠」。連最基礎的求職工作都無法做好，求者又怎麼能讓招聘人員去信任他呢？

做好了履歷，再通過其他管道一起打通求職關卡，才能讓求職之路暢通無阻。

第五章 面試好比走江湖，見招拆招是關鍵

面試之前，先做好軟硬包裝

說起面試，很多職場菜鳥都會心裡發怵。面試是邁入工作的必經關卡，明知山有虎，偏向虎山行；面試很大程度上是「以貌取人」的考察求職者的階段。

即使你身懷絕技，極有可能在面試中勝出，也不要小看了面試；若你對自己的能力很不自信，對面試也是心裡沒底兒，那就更要注意，在細節上多下點工夫，才會在面試階段獲得絕對性地勝出！

1. 最保險的面試著裝心經

面試是第一印象，著裝很重要。很多畢業生為了在面試時顯得正式，紛紛掏錢買正裝。正裝固然很好，對於男性求職者來說，選擇成熟一點的襯衫會為你的著裝加分，女性求職者的妝容則很重要，適度的淡妝會讓你看起來更加自信、亮麗。

面試最安全的選擇是穿皮鞋，女性求職者不一定非要著正裝，但切忌穿著過於性感、暴露，髮型也不要過於古怪、個性。此外，面試時最好帶一個中性簡約的提包。

曉婷將要去一家公司面試，她鎖定的職位是創意部的策劃。在面試前一天，她花了點心思將自己的頭髮打理了一下。在穿著方面，她特意選擇了寬鬆簡約的 T 恤搭配淺藍牛仔褲，她還特意去買了一個看起來不失幹練的帆布背包。

面試的時候，曉婷看見好多身穿正裝的應聘者，面料考究的套裙一看就知道是剛買的，其中不乏名牌。

整個面試過程，曉婷一點也不拘謹，而是隨意中透著一股桀驁之氣，第三天，她就收到了公司的錄用通知。

求職者面試時的穿著打扮很重要，要想給面試官留下較好的第一印象，就要在這方面下些功夫。

同時，面試更要鎖定職位，考察這個職位的內涵及特質，然後做好面試前的準備。有的放矢，才會大大提高面試成功的機率。

曉婷應聘的是創意部職員，所以在著裝風格上修飾了一些，然後在面試中表現得落落大方。如此，她得以順利通過面試。

2. 用你的內涵為平凡的外表增色

愛美之心人皆有之，用人單位自然也願意錄用年輕漂亮的女性。但是，論起工作，還是能者居之。外表平凡的求職者不必因為自身樣貌欠佳，就對面試心生恐懼。其實，只要動一動腦筋，來一點逆向思維，照樣能在選拔中求勝。

琳達是某金融學院的高材生，本來應該很好就業才是，可是因為其貌不揚，總是在面試這一關卡殼。一次又一次的失敗經歷反倒讓琳達明白了這樣一個道理：不能讓自己湮沒在廣大的求職隊伍中，她要主動出擊！就這樣，琳達經過一番準備，自信地走進了一家大型的化妝品公司，徑直敲開了經理的門。

在這位儒雅的經理面前，琳達侃侃而談，她從大牌如蘭蔻、資生堂說起，再說到玫琳凱、雅芳，再談起當面推銷的一些技巧，將以前的實習經歷與學校所學的知識有機地結合起來，邏輯嚴謹，妙語連珠。經理靜靜地聽著，不時地點點頭。

琳達的「演講」告一段落的時候，經理饒有興味地看著她，問到：「美女在化妝品市場上比醜女更有說服力，你認為呢？」琳達直視經理的眼睛，自信地回答：「其實，醜女是美女最好的參照系，用來闡釋化妝品的效用再好不過。」經理微笑起來，他十分滿意這個貿然闖進來的相貌平凡的姑娘。

琳達被錄用了，不出經理所料，在銷售業績上，琳達遠遠領先於公司的很多老員工，之後琳達順利地通過了試用期，成為公司的一名業務骨幹。

其實，在面試這個關卡中，身懷絕技的你也可以打個擦邊球，將自己推銷出去。在這個「酒香也怕巷子深」的年代，不懂得在面試中秀出自己、推銷自己的求職者，很容易被龐大的求職大軍湮沒。

3. 直陳求職公司的優點，也可面陳其不足

一般說來，求職者只會對面試官說恭維話，以獲得對方的良好印象。殊不知，每天聽恭維話已經生成了免疫力的面試官，在面試結束後對一味說公司好話的人並不會牢牢記住，反倒對直陳公司弊端與不足的求職者印象深刻。

小艾本是某地方雜誌的編輯，後來跳槽到一家知名的大雜誌社。面試的時候，小艾在陳述了這家雜誌優勢的時候，著力不重地提出了自己的一些看法，比如雜誌社選題上的不足等。

沒想到，面試官非常感興趣，並一直鼓勵小艾說下去。小艾就鼓起勇氣，將自己的看法及一些可行性的意見條理分明地說了出來，面試規定時間已經過了好久，面試官與小艾仍是相談甚歡。

面試結束後，小艾被當場錄取。面試官的觀點很直接：是你的犀利與獨到的眼光吸引了我，也源自你對雜誌這一領域的深刻見解，我們有理由相信，你會是一個稱職的雜誌編輯！每天面對美女都會產生「審美疲勞」，別說每天聽奉承話了。想要在求職大軍中「木秀於林」，就要有脫穎而出的招數！出其不意地撼動面試官的疲勞神經，將自己在這一領域的修為展示出來。只有經過深入調研得出的觀點，才會令對方心服口服，才能實現求職成功的目的。

總之，面試不是上「刑場」，求職者切不要自己嚇自己。提前做好面試準備，真正做到知己知彼，面試成功的機會自然會大大增加。

面試著裝很關鍵，男生女生必讀

日本松下電器集團的董事長松下幸之助年輕的時候做過推銷員。在他的日記裡記載了這樣一件事：那時候松下幸之助很年輕，在一家著名企業裡做推銷員，他並不知道自己的形象很糟糕，直到有一天，他去一家理髮店推銷產品。

讓松下幸之助沒有想到的是，一名理髮師劈頭蓋臉地批評了他一通：「你看看你自己的形象！你出去推銷產品，代表的就是公司的形象，而不僅僅是你自己！你這樣邋遢，客戶怎麼會對你的公司產生好感，又怎麼會信任你的產品呢？！」這件事給了松下幸之助很大的觸動。從此以後，他只要出門就會將自己的儀表收拾得乾乾淨淨，並最終成為一位銷售大師。

儀表對於一個人的職業有如此巨大的影響力，這也是為什麼很多求職者在面試前，都要在著裝上下工夫的原因之一。

面試時，儀表是求職者自我營造的第一印象。想要在僧多粥少的情況下脫穎而出，恰如其分的自我包裝，能為成功「造勢」。

面試很重要，穿著正規一點比較保險。

1. 面試著裝男生篇

對於男生來說，套裝比隨意搭配的衣服更顯專業、幹練。套裝應避免過於誇張的顏色，顏色與自身皮膚的色調相配，能呈現給面試官一個狀態良好的儀容儀表。

面試時穿著深藍色或灰色西裝最為適宜，若是雙排扣裝，則紐扣要全部扣上，衣領整理齊整；若是單排扣裝，在正式場合則最少必須扣上一粒紐扣：兩粒扣裝應扣上不扣下，三粒扣裝則應扣上中間一粒紐扣。

切忌在西裝的衣袋、褲袋裡裝東西，更不要將雙手插在西裝上衣的兩側口袋，這是沒有教養的表現，很容易讓人與街邊的小混混聯想在一起。

領帶的質地最好是絲質的，花色與圖案也不能太有個性，大眾化一點的圖案最為保險。領帶夾也不能忽視，應當隱藏在西裝能遮蓋住的地方，從外面看不見。

襯衫應該選擇白色或米色的柔色長袖襯衫，這樣比較容易搭配，也很正式，給人以穩重踏實之感。

襪子的顏色應該比西裝褲的顏色深，與皮鞋的顏色相搭配。無論什麼時候，穿正裝的時候，都不要穿大紅色的襪子，除非你想「一鳴驚人」。

皮鞋最好是深色的，繫鞋帶的鞋子是個不錯的選擇。鞋面應該是乾乾淨淨的，不要蒙著一層厚厚的灰塵，或是黏著很多泥土，這會讓你的面試官認為你是個已經懶惰到一定程度的人。

還有一點需要注意的是，如果已婚，戒指是可以戴在手指上的，但是，男生的耳環就免了吧，儘管你有著掩藏不住的個性，在面試的時候也請摘掉你的耳環。在高檔辦公室裡，男生帶著耳環總是有些說不過去。當然了，如果求職者應聘的是時尚雜誌的創意總監，盡可以展現自己的個性；若是普通的職員，還是暫時藏起你銳利的個性。

2. 面試著裝女生篇

女生面試更要注意自己的著裝，男裝本就簡單，說起正裝也就是西裝而已，女裝的選擇就很廣泛了，但更要注意甄選。

女性求職者不要仗著自己貌美或是年輕，就可以忽視面試著裝，求職時一定要摒棄這種僥倖心理。關於面試著裝要求，各大公司都做過系統訓練，想要在面試中取得好成績，細節不容忽視，最好做到讓別人無法挑剔！

3. 面試著裝 5 大禁忌

（1）丐幫汙衣派 + 褶皺

又髒又舊，看起來很像鹹菜乾的衣服，即便你認為它能使你像「犀利哥」一樣酷到斃，也不能穿著這樣的衣服去面試。這會給面試官「吊兒郎當」的印象，不僅沒有誠意，也絲毫沒有職場人應有的形象。

（2）花哨＋無敵可愛風

去面試不是去拍白痴偶像劇，那些裝可愛的娃娃裝、花朵、公主髮夾就收起來吧，別讓面試官認為你是個還沒有「斷奶」的小孩子，根本不適合走進辦公室上班。

（3）名牌加強版

面試著裝上的確是要下點資本，但是也不要全身都是很「拽」的名牌。「全副武裝」的求職者會讓面試官認為這樣的人很「驕縱」，養尊處優不能吃苦，這樣的負面印象，還是不要建立起來為好。

（4）穿著過於暴露＋性感火辣

無論你的身材多麼性感火辣，面試的時候還是丟掉那些過於暴露的性感衣服吧，穿著中規中矩的衣服去面試。誰敢保證你的面試官不會是一名年紀很長的女性？你的這種穿著會直接讓你被 pass ！

（5）濃妝豔抹

化點淡妝是最為保險的，無論你是自然主義者還是煙燻妝的忠實 fans，面試的時候最好都化淡妝，這會讓你的臉色看起來很好。而且，化淡妝也是對於面試官的一種尊重。

提高命中率的女生面試化妝技巧

關於面試時，女性是否需要化妝的問題，已經被諸多的事實與公司規定一再地驗證。業內人士指出，作為女性求職者，去正規的中外企業面試，還是需要化妝的，即便你喜歡素面朝天，鄙視那些用厚厚的粉餅把自己臉上的坑坑窪窪遮起來的人，也要在面試之前修飾一下自己的臉。當然，化妝絕非是濃妝豔抹，而應貴在適度。

下面，我們就來具體介紹一下面試時的妝容技巧：

1. 髮型篇

無論是剛走出校門的應屆畢業生，還是已經混跡職場多時的「老人」，面試的時候，要捨棄之前的特別個性、特別「出彩」的髮型，比如女孩剪了一頭一公分不到的板寸，或者將頭髮染得五顏六色等。

因此，專家建議，無論是直髮還是捲髮，都要顯得乾淨俐落；無論顏色是哪種，頭髮的自然色，或是染過的頭髮，單一的顏色最好；若是已經挑染了很多顏色，最好借助於帽子的遮蓋或是乾脆將頭髮染回黑色。正規的公司都不希望在職員的格子間裡，突然冒出來一個頭髮豔麗無比的「雞毛撣子」。當然，如果你應聘的是模特就另當別論了。

長髮女生在髮型的選擇上有多種，面試的時候切勿搞怪。丟掉那些所謂的爆炸頭、公主髮型吧，簡單的梳成一個幹練的馬尾，或是順滑地披在肩上都是不錯的選擇。

2. 髮飾篇

髮飾也是不容忽視的，晃眼的亮片就不必別在頭髮上了，那些稀奇古怪的橡皮筋兒、個性十足的髮夾在面試當天也請不要佩戴了。最好選擇中規中矩的髮飾佩戴，並且數量上以一個為宜。

試想，如果你是公司主管，你也不希望一個頭髮花里胡哨，插滿了莫名其妙髮夾的員工坐在齊整的辦公室裡吧？況且，戴著滿頭髮飾，會讓面試官認為這樣的人「玩心太重」「還沒長大，不適合擔當重任」，這樣當然不會有助於獲得工作機會。

3. 眉毛篇

在準備面試之前，女性最好對眉毛進行必要的修飾，有的女性會定期修理眉毛，沒有修理過的可去專業的美容機構進行修飾。

眉型以自然狀態為宜，無需過細。有的女性會過度追求纖細的眉毛，其實眉毛過細極容易給人帶去輕佻的感覺；眉毛也不宜過粗，女性眉毛過粗，會給人造成平日不注意形象、不修邊幅的印象。

化妝的時候，可以用黑色眉筆輕掃眉毛，藍色或紫色的眉筆在面試的時候就不必使用了，留待晚宴的時候再上場吧。

4. 眼妝篇

面試當中求職者與面試官目光的接觸非常重要，因此，眼部的化妝需要加以特別注意。

曉夢平日不太喜歡化妝，粉底、眼影之類的彩妝從來不會出現在她的化妝台上。但是曉夢偏愛睫毛膏，每天早上起床洗漱之後，她都會細心地雕琢自己的睫毛，睫毛膏刷 3 次，讓自己的睫毛看起來俏麗挺拔，一雙眼睛也因為睫毛的俏麗而顯得有神采。

曉夢跳槽去另一家公司面試的時候，仍是秉承著自己的一貫風格，不讓彩妝出現在她的臉上，只是將睫毛刷得非常漂亮、有神。曉夢的膚色與氣質都非常不錯，即便不化妝，也不會顯得面色過黃，給面試官留下了很好的印象。

面試中，眼妝部分不可誇張，太過渲染的眼妝是不適宜的，畢竟你不是去參加選美。此時，只需一支黑色的纖長睫毛膏足矣，黑色睫毛膏可以讓眼睛看上去比較顯大，更能襯托出眼睛的明亮有神。

如果求職者習慣性地塗眼影，淡淡的粉色系是最佳選擇，這樣的色調會讓你看起來比較青春亮麗。那些過於誇張、豔麗的亮色眼影，諸如灰色、藍色、紫色之類的極具戲劇效果的色彩，還是留到需要濃妝的場合去使用。

5. 嘴唇篇

為了與整體感相宜，唇妝的顏色也不能過於鮮豔。面試的時候，顏色過於豔麗的唇膏會將面試官的視線分散，況且，顏色過於豔麗的唇膏也需要時不時地補妝，而淡色系的唇膏就有效地避免了這一點，比如淡粉色、淺紅色等都是很好的選擇。

唇彩也是一種不錯的選擇，相較於唇膏而言，唇彩更有自然的興味，也更能體現出求職者的清新陽光。與唇膏色彩的選擇無異，唇彩色調的選擇最好偏向於淡色系，效果定會不錯。

6. 指甲篇

指甲要修剪整齊乾淨，如果一定要使用指甲油，也需選用透明的或顏色保守的指甲油，切忌使用大紅色、紫色、黑色、乳白色、寶藍色這些看起來特別晃眼，同時給人以「青面獠牙」之感的指甲油顏色。

至於時下流行的美甲秀，在指甲蓋上雕花之類的，面試的時候也要先到專業的美甲機構清洗乾淨。畢竟，指甲過於漂亮的女性求職者，會讓面試官心裡犯嘀咕：這樣的一雙指甲漂亮的手，能幹活嗎？能幹出好活嗎？

所以，還是選擇中規中矩的指甲油或是乾脆不塗指甲油吧，這樣才最為保險。

7. 配飾篇

面試的時候最好不要佩戴首飾，在正式的場合不佩戴首飾是完全可以的。如果想佩戴首飾，也不要佩戴造型誇張、身體一動起來就會叮噹作響的飾物，而應佩戴簡潔高雅的飾品。

面試如此重要，個人形象的各個方面都需要加以注意。淡妝化好之後，在等候面試的間隙裡，切記不要當眾補妝、描眉之類，如果需要補妝的話，也應該走幾步到盥洗室處理。

「怯場」誰都有，克服並不難

對於所有求職者來說，面試都是初入職場必須跨過的一道門檻。很多人會覺得這是一道複雜、嚴肅的特殊試題，因而在面對時顯得極為「怯場」。

你是不是也有過因過於緊張而「缺氧」的經歷呢？尤其是當面試官提出一些自己一知半解的問題時，你是否會在那個瞬間變得腦海空白、束手無策呢？

其實，面試中所遭遇的任何難題都有其解決的思路和方法，腦海空白並不是因為我們真的一無所知，而是我們緊張不安的心態在作祟。只要我們積極主動地去面對這些刁鑽多變的場景，學會調整心態，即使再棘手的問題也會迎刃而解。

不得不承認，面試是一種綜合性能考試，它融感性與理性於一體。求職者怎樣才能與面試官進行一次富有價值的交談呢，這中間潛藏著許多技巧。

高揚是一位 2009 年畢業的大學生，在此次求職之前，他僅有一兩次兼職經驗。他讀的大學很普通，對於面試中遇到的「缺氧關卡」，他深有體會。在就業壓力較大的現代社會，高揚並沒有什麼特殊的優勢。在一次浩如煙海的就業博覽會上，工科出身的他卻向一家外企公司的行政策劃這一職位投遞了履歷。很快，高揚收到了面試通知。

在面試當天，高揚是 18 名求職者中唯一的工科生。第一輪面試是口試，是採用封閉形式，每個人的面試內容其他人都無從得知。從一個個出來的面試者的表情上可以看出，這次面試是一場關於實力和信心的考驗。

仔細觀察了一下周圍人，高揚覺得他們都很出色，於是心裡不禁倒吸一口涼氣，開始變得擔憂和焦慮起來，這種狀態直接導致了他的心跳加速。他當時便感到口渴、大腦缺氧。

高揚知道，在自己身上暴露的是典型的面試綜合症。幸運的是，他是最後一個接受面試的人。當他進到會場時，突然間，他覺得這場盛大恢弘的面試彷彿是專為他一個人而設，他是這場面試中的唯一主角。這也許是一種自我安慰，像阿 Q 的心理戰術一樣，但確實讓他稍稍有了一些放鬆。

然而，接下來尷尬的事情還在後面呢。高揚剛一進門，其中一面試官就對著他微笑。為了禮貌，高揚也報以微笑。結果，其中一個面試官問：「你好，你笑什麼？」

高揚被他搞得一頭霧水，因為對方的問題完全沒有按照自己的預計方向發展。他定了定神：「您好，微笑可以掩蓋一個人的緊張。坦白說，我現在有些緊張。」

面試官接著問道：「那你想不想知道我笑什麼？」

高揚迅速地思索了 3 秒鐘：「實話說，我並不知道您在笑什麼，但是你的微笑讓我現在放鬆了好多，謝謝您的微笑。」這樣一說，高揚覺得自己真的沒有開始那麼緊張了，大腦缺氧的狀態也漸漸好轉。

另一個面試官較為嚴肅地說：「你回答的不錯。不過遺憾的是，我覺得你並不適合我們的工作。」他的這句話，讓全場的氣氛再度緊張起來，好不容易活躍的氣氛突然又變得僵硬，高揚的腦子頓時又空白起來。

高揚怔了一下，努力微笑著說：「對不起，您能稍微詳細說一下嗎？我不是很明白。」面試官說：「我們看了所有應聘人員的資料，在 18 位求職者中，你是唯一工科畢業的。要知道我們招聘的職位是行政策劃，這個職位需要相當的文案功底和行政能力。你是學理工的，又怎麼會比其他的文科生更適合這個工作呢？也正是考慮到這點，我們才安排你作為最後一名進場。」

幸好，高揚在出場之前，已經考慮到這個問題。他深深地吐了一口氣，真切地說：「我確實承認文科出身的人在文案寫作方面一般會比理科出身的人強一些，但這並不是絕對的。我雖然作為最後一個進場者，但我覺得自己很幸運，因為我比前 17 位求職者都多一些準備時間。再者，我作為唯一工科畢業的學生，我想提出一點不同的見解，您剛才的說法可能有些偏頗，我們都知道感性和主觀的態度在分析決策問題時，是不受用的，這也是許多文科學生的最大弱點。而工科學生一般會有嚴密邏輯的思維，審時度勢、決策掌控的能力。還有，用工科畢業的學生去做行政策劃一職，這不也是打破常規嗎？也許會有不一樣的發現呢？對於一個追求創新的企業來說，不守舊，不拘泥的精神是不可缺少的。至少我個人這樣認為。」

高揚說完後，發現自己已經完全輕鬆下來了。他感覺自己真正地開始做到了處變不驚，寵辱不亂。3 位主考官聽完高揚的發言，彼此望了一眼，其中一位微笑著說：「說得不錯！」高揚忙起身向他們深深鞠了一躬，並道謝。

第三位面試官接著發言了：「既然你這麼自信，我想你應該很容易找到比我們公司更好的公司吧？」面試官又拋出一個誘導式問題。高揚思考了一下，微笑著說道：「也許您說的沒錯，我可以找到其他的公司。但據我瞭解，貴公司的第一理念就是人才先行，我想這樣一個重視人才培養的公司，任何一個人都有百分之百的理由珍惜。」

這位面試官聽罷，說道：「從你一進來，我就注意觀察，你說話之前，都需要停頓 3 秒鐘的時間。你的反應一直是這麼慢嗎？」

高揚又停頓了 3 秒鐘，才回答：「之所以這樣，是因為我在讓自己的話經過大腦思考。」

面試官：「好，這點是你與前面的那些求職者最大的不同，不錯。你可以進入第二輪面試了。」

第二輪面試是筆試，主要是草擬一份《行政策劃方案》。面試官發完答題紙之後，說一句：「答題筆在鉛筆盒裡，沒帶筆的同學自己拿。」在剩下的 10 位求職者中，有 6 位沒有隨身帶筆。而高揚是個注意細節的人，他不管走到哪裡，隨身都帶著一支鋼筆，這次也毫不例外地派上了用場。

高揚在學校實習時就草擬過這種方案，所以寫起來並沒有很大的難度，他只是在方案上強調了一名行政人員應該具備的基本素質和綜合能力。唯一不同點就是，他把方案的主旨在中文下面用英語翻譯了一遍。

筆試結束後的第二天，高揚收到了錄用通知。

求職者們，在這個普遍喜歡「show me」的時代，不妨給自己加點「氧」，提高一下自身的「缺氧」免疫力，只有這樣，才能做到遊刃有餘，這才能讓那些尋覓千里馬的伯樂一眼相中。

作為職場上奔波的一分子，你是否也有著金子一般的光芒？可是不是所有的金子都能綻放光彩，如果你不幸被蒙上灰塵，你要如何撥開雲霧呢？高揚沒有想到在筆試時「擅自」加上的那段英文翻譯竟是他順利被錄用的一大原因。

高揚去公司報到那天，當時的一位面試官告訴他：「錄用你，原因有三：首先是你是全場裡唯一讓我們看到理性和活力都具備的年輕人，你說話之前會停頓 3 秒鐘；還有就是筆試的時候，10 位中居然有 6 位沒有備筆，這說明他們不注意細節。在官方文字中，起草方案必須用黑色簽字鋼筆，而公司為他們準備的全是藍色簽字鋼筆，結果你也做到了有備無患；最後一點，你是筆試者中唯一用附帶英文草案的求職者，誰讓我們是外資企業呢，結果其他幾個人也忽略了這點。」

高揚走進人力資源辦公室的時候，另一個面試官對他說：「你的經歷，應證了一個道理：一個人的緊張不安，其實是可以通過自己的實力和細心的準備化解的。」

職場風雲多變，求職過程中，剛走出校門的大學生，大都不能完全適應外界的變化，但是每個人都可以不斷充實自己，正所謂「藝高人膽大」「細節決定成敗」。因此說，只有充分的準備才是職場上從容鎮定、處變不驚、出奇制勝的不二法門。

做好自我介紹，博得面試官好感

面試是找工作非常重要的一步，在這個重要步驟中，「自我介紹」可謂是首當其衝的。諸多面試官的第一個問題往往就是關於求職者的「自我介紹」這一環節。那麼，這個「面試第一問」該如何面對呢？

面試過程中，自我介紹這一環節的時間通常為 3 分鐘左右，而在一些外企，甚至會被縮短到 1 分鐘左右。想要在這麼短的時間內「出彩」，話題的甄選與自我優勢的展現非常重要，面試前的功課必不可少。

臨出發之前，先對著鏡子做個自我介紹吧！只是，這個自我介紹的彩排一定要多次才可以，甚至可以請家人、同學、朋友做評委。

1. 把握時間的竅門

魏翔研究生畢業，對於自己的口才甚是滿意，他是一個很自信的人，所以即便是明天將要去面試了，他也沒有想過要準備一下——魏翔覺得這種準備簡直是在汙辱他的智商與能力。

面試的時候，魏翔信心百倍地走進考場，他信奉這樣一條名言：見人說人話，見鬼說鬼話。魏翔鎖定的求職目標是廣告文案策劃，在自我介紹時，他開始大談特談廣告業的未來走向，卻沒有將自己與廣告業沾邊的經歷一一講述。

因為跑題太遠，面試官不得不對他中途喊停。魏翔的面試也就以這樣的尷尬收場。

「自我介紹」的時間一般為 3 分鐘，而這寶貴的 3 分鐘的分配極有學問，可以做如下劃分：第一分鐘可以簡單談一下學歷等個人情況；第二分鐘則談一談自身的工作經歷，沒有工作經驗的應屆畢業生可將介紹重點集中在自己相關的社會實踐上；第三分鐘則談一下自己對於目標職位的看法與設想。

如果是外企，自我介紹大多只有 1 分鐘時間，那麼這就更需要突出重點，切忌拖泥帶水，讓面試官們不知所云。

2. 切忌自吹自擂，真誠最重要

沈傑面試的前一天非常緊張，他收到了一家名企的面試通知，這是一家在業內很有名氣的企業，沈傑非常想得到這份工作。但是他知道，想得到這份工作的人還有很多，他該怎樣在面試中脫穎而出呢？

沈傑面對正襟危坐的面試官，開始滔滔不絕，把以前的工作經歷添油加醋地說了一通，在自我評價上也加了很多的修飾語。他滿心以為這樣的自我介紹會讓面試官對他產生好印象，殊不知面試官已經給他貼上了「自吹自擂」的標籤。

自我介紹時，將自己最好的一面展示給面試官固然重要，但盡量少用虛詞、語氣祝詞、感嘆詞之類，如果很想讓面試官知道你的某種好品質或是某種能力，可以適度引用他人的言論為自己的觀點佐證。注意自己的語氣，要真誠自然，任何的誇張粉飾都是難逃面試官們犀利的眼睛的。

自我介紹要重點突出自己的優勢與特長，但是也不能對自己的缺點、弱點避而不談，可挑一些無關痛癢的小弱點說一下，但要表現得坦然樂觀且自信滿滿。

3. 話題的甄選要與目標職位相關

應屆畢業生杜輝去應聘一家電視台節目製作組的文案一職，因為他大學時主修新聞傳播，所以得到了面試通知。面試時，面試負責人請杜輝談一談與文案寫作相關的社會經驗。由於杜輝從來沒有接觸過這方面的工作，在面試官拋出這個問題之後，他的腦袋開始冒汗，然後他想起在學校裡做過校報編輯的事情，便將這個事情說了一通，還有其他的一些校園活動。

這些經歷聽起來很豐富，很多樣，但是，與電視節目製作實在是不沾邊。杜輝自己也覺得很尷尬，面試官們也覺得很無奈。

其實，自我介紹很大程度上也是甄選話題的過程，想要取得理想中的工作，需要將自己的優勢與目標職位有機結合起來，切忌天馬行空亂說一通，求職者自己在那裡說得天花亂墜，面試官們卻覺得早已離題千里。

不可否認，自我介紹也是博得面試官好感的一個重要環節。在這個過程中，求職者需要告訴面試官，他是多麼適合這個職位，除此之外的那些個人優勢，就要有意識地將之忽略。

關於話題的甄選，要在去面試之前就做好功課，可以利用網路管道多搜集一些目標職位的相關知識，然後做深入的分析與思考。這樣可以有力地避免面試當中的手忙腳亂找話題，優化面試中的表現。

4. 說話聲音優美，不做作

聲音對於一個人自我形象的塑造非常重要，這也是為何播音員的聲音要麼平易近人，要麼溫馨動聽的原因。

徐敏大學畢業後進到一家地方廣播電台擔任文案策劃工作，平日也會客串播音員的角色，一來二去，對於聲音的把控很是在意。後來，徐敏跳槽到一家大型平面媒體工作，在面試過程中，她的自我介紹不僅押韻，而且非常流利，像是事先就彩排了很多遍一樣。面試官們都認為徐敏的工作經驗很不錯，但是自我介紹卻矯揉造作，是一個很大的敗筆。

面試中，求職者的語氣一定不能矯揉造作，既然是口頭表達，就要注意使用靈活的口頭語進行語言的組織與提煉，切勿背誦，那會讓面試官們無法忍受。語調的選擇也要讓他人聽起來自然流暢，而且要充滿自信。

巧妙化解面試中的「尷尬」

對於很多求職者來說，既要面對陌生的面試官，又要努力讓自己表現出最佳狀態，因此心理上會有莫名的緊張感。更有一些求職者，本來就很容易羞澀、緊張，面試時這種感受就會越發的強烈。殊不知這樣的狀況很容易將自己陷入面試中的尷尬局面。

不可否認，由於面試對於求職的成敗，甚至求職者的個人前途影響甚大，而且是在陌生的地方被陌生的人盤問很多專業的、非專業的問題，放在誰身上都會緊張。適度的緊張對面試不會有妨礙，甚至在一定程度上會有所幫助。但是緊張過度，以至思維混亂、面紅耳赤、不知所云就危險了。

當面試中由於緊張而遭遇尷尬，如果不能有效解決，將會令求職者的面試嚴重受阻，進而導致應聘失敗。所以，在面試之前就掌握一些化解面試危機的技巧是很必要的。

1. 轉化控制法

求職者切忌把一次面試的得失看得太重，要看開些，同時也要暗示自己：我緊張，其他的求職者也同樣會緊張。最後還要安慰自己，這份工作不要我，自然還會有更適合的工作崗位等著我。

2. 冷化控制法

遭遇尷尬之後，求職者要挺直腰身，身體微微前傾，「四平八穩」地坐在椅子上，做幾次深呼吸。一般說來，深呼吸有助於緩解緊張。也可用機械的方法進行自我控制，如咬緊嘴唇，用手捏自己手臂上的皮膚等。如此一來，觸覺刺激在大腦皮層引起強烈的興奮，對自己當前已有的情緒興奮起負誘導作用，這樣就會達到冷化控制的目的。

3. 緩解控制法

求職者在面試前可以多次進行自我鼓勵，在心裡默念：我能行，我一定可以的……這樣會適當緩解緊張的情緒。

4. 環境控制法

一般說來，人們在熟悉的環境中不易滋生緊張情緒。所以，如果害怕自己過度緊張的話，可以在面試前先去熟悉一下場地，提前做好充足的準備，這樣可以有效消除臨場緊張感。同時，在和面試官交流的過程中，要注意掌握自己說話的節奏，一定不能太快，太快了會出錯，容易造成心理緊張；也不宜太慢，太慢會讓面試官聽得不耐煩，面試官不耐煩的反應又會引起求職者的慌亂，這樣就會陷入一個惡性循環。

5. 實話實說控制法

如果使用了上述的很多種方法後，求職者的緊張還是無法解除的話，那就實話實說好了。求職者可以坦白地、真誠地告訴面試官：對不起，我有點緊張，可不可以讓我先冷靜一下，再回答您的問題？通常情況下，面試官都會報以同情，並為這樣的求職者留點時間，等待求職者稍稍不緊張了再進行下一步面試。當然了，如果遇上特別嚴酷的面試官，這個法子不一定行得通。

求職者在面試中遭遇尷尬在所難免，但可以通過一些技巧來化解或大或小的尷尬。需要提醒的是，態度誠懇是最好的技巧，切不能胡亂回答，信口開河，不懂裝懂，面試官都是身經百戰的人，會一眼看穿你的小伎倆，倒不如老老實實回答問題。

鎮定應對面試中刁鑽古怪的問題

在面試中，求職者經常會遇到一些聽起來讓人「丈二和尚摸不到頭腦」的古怪刁鑽的問題。這讓本來就因為面試而緊張的求職者更加不知所措。

其實，面試中不可能有無緣無故甚至是無厘頭的問題，面試是考察求職者個人素質的場合，所有的問題設置都是為了考察求職者的能力、反應速度以及其他企業想要知道的求職者是否具備的一些素質。

那麼，作為求職者，面對這些沒有「標準」答案的刁鑽問題，該如何作答呢？

我們來看幾個不按常理出牌的例子。如果這些問題出現在面試場合中，足夠求職者懊惱一陣子的了。

第 1 個刁鑽問題：請談一下，你身上有什麼大的缺點？

第 2 個刁鑽問題：談一談你的一次失敗的經歷，記憶猶新的那種。

這樣的問題要怎樣回答呢？是不是直接說缺點？直接描述以前的一次失敗經歷？可是，這樣描述的話豈不是會顯示出自己能力差，缺點多多，不適合這份工作嗎？

在此，我們介紹幾種回答這兩個問題的相關技巧。

比如，第一個問題可以這樣回答：

我承認我是有缺點的，畢竟金無足赤，人無完人嘛。孔子也說了，人非聖賢孰能無過。我存在這樣一些缺點，比如我的個子不是很高、我不太幽默，還有的缺點我可能還沒意識到，但是在我職業發展的歷程中，我非常注意改正這些缺點，爭取讓自己的缺點越來越少。

對於第二個問題的回答可以是這樣的：

誰的一生中沒有失敗過呢？從拿破崙到最低級別的士兵，從最高主管人到老百姓，大家都失敗過。我當然也不例外，從小到大，我經歷過各種各樣的失敗，在我以後的成長過程中定然也會遇到一些挫折和失敗。但我知道，失敗並不可怕，最重要的是以後不要再遭遇同樣的失敗，要從失敗中學到經驗，這樣的失敗才有價值。

上面所說的類似問題看起來非常刁鑽，其實只要把握住了重點，並不是很難回答。求職者還需要瞭解，面試官問這樣的問題，並不是單純地想知道求職者失敗的經歷和求職者身上的缺點到底是什麼，缺點有多少，這些細枝末節並不是招聘方關心的主要問題。作為企業招聘的負責人，面試官們是在篩選人才，他們是想通過求職者對這種問題的回答，考察求職者是否具有成熟而理性的職業素養。

面對這種問題，求職者的回答並沒有統一的套路可循，可以用巧妙、風趣的語言，或者借助自己的幽默，博得面試官們的好感，以便順利過關。

第 3 個刁鑽問題：假設你進入了我們公司，有一天，另一家公司開出高薪來挖你，你會不會離開我們的公司？

第 4 個刁鑽問題：如果讓你做公司的財務經理，老闆要求你一年逃稅 100 萬，你能不能盡快制定出一個合理可行的方案？

這又是兩個非常尖銳的問題，尖銳到求職者的心應該會「咯噔」一下。那麼，該如何回答呢？

明智的回答是這樣的：

實話實說，大家上班都是為了賺錢，我如果說，在高薪誘惑面前，我不會離開原公司，這句話就是百分百的假話。作為一個理性的職業者，我肯定不會頻繁地跳槽。因為我有理由去相信，有了穩定才會有發展，一個人頻繁地跳來跳去是不可能獲得職業發展的。這一點我很確信，除非那個人是個可以迅速在不同領域有所建樹的天才。如果我真的要離開原來的公司，也是由於個人的發展需要更大的空間，而原公司的發展限制了這個空間，我不得已去尋求更大的空間。總而言之，我不會做無緣無故的變動。

後面一個問題的答案是非常明顯的：

這個問題根本不用回答，因為這是違法的事情，做這樣的工作根本就是毫無意義的。對於守法經營的企業而言，只存在合理的避稅，而不存在違法的逃稅。

明眼人都能看出來，面試官問這兩個問題分明是挖好了陷阱等著求職者往裡面跳。面對這樣一個陷阱，求職者千萬不能傻乎乎地跳進去，就拿「逃稅」問題來說，當求職者還在抓耳撓腮、臉紅脖子粗地思考到底該如何逃稅時，面試官已經將你釘死在「不錄用」的鐵板上了。

誰都知道，逃稅根本就是違反職業道德的事情，更是違法的事情，面對這樣的問題無需考慮，更不要因為這份工作非常誘人，就真的在那裡苦思冥想該如何幫企業逃稅，如果求職者這樣做，就是中招了。

在所有的公司中，遵紀守法是員工的最基本要求，也是職場人的最基本操守。

問題很明顯，招聘方拋出這些看起來刁鑽無比的問題，其實重點不在答案，而是面試官要從求職者回答問題時的神情、身體姿態、回答的思路等方面，來審查求職者的能力或素質，從中判斷出求職者是否是他們想要的「那盤菜」。

如果面試當中不巧你也遭遇了這樣的問題，那麼不要著急，鎮定下來，開動腦筋想對策，不要睜著眼睛往火坑裡跳，而是要避實就虛，揚長避短。如此，才有可能在面試中勝出，而不是「死」在這樣無緣無故、無厘頭的問題手裡。

言多必失，言談應有的放矢

面試時間如此寶貴，如何在這麼短的時間內給面試官留下深刻印象呢？有些求職者在短暫的面試時間內，拚命塞給面試官關於自身價值的巨大信息量，殊不知，這樣反倒會弄巧成拙。

人力資源總監麗薩面試了一個從履歷上看起來各方面非常優秀的求職者，這次公司招聘的是一名市場部經理。面試的時候，麗薩多次試圖與求職者交談，但是這位求職者看起來並不想與麗薩交流資訊，他只顧著滔滔不絕地闡述自己的觀念與想法，甚至還用發散性思維，把自己上任後如何「燒三把火」的舉措都做了詳盡的架構。

麗薩多次用身體語言，包括稍帶嫌惡的眼神直視對方，希望對方能適可而止。但是，這位「優秀」的求職者絲毫不為所動。直到最後，他全身放鬆似地鬆了一口氣，問麗薩：「過了三個月試用期之後，我將獲得什麼樣的發展機會？」

麗薩差點笑出來，她實在想不通這樣的一個人怎麼會在上一家公司取得了那麼好的成績，這樣不懂得團隊協作的人，她沒有把握他會是一個可以為公司創造更多效益的人。

這名氣勢張狂的求職者自然沒有被錄取。

面試者通常有兩種反應，一種是過於安靜了，而另一種則是過於「活潑」了，前者會給面試官一種自卑的印象，後者則會讓面試官認為過於自吹自擂，不會腳踏實地地做好手頭的工作。

這兩種人，招聘企業都不會輕易錄取。

在講求團結協作的現代公司裡，必要的開朗是員工必須的品質，開朗而善於合作才可以為公司創造更多的效益。在面試時，如果一定要展示自己的優良特質，開朗是首選。但是，請切記，開朗並不等同於誇誇其談、滔滔不絕，而是有邏輯、有想法、有深度內涵的開朗，這種求職者不木訥也不浮誇，會讓面試官看到他身上的職業價值。

1. 留心面試官的肢體語言

面試是求職者與招聘方的一次零距離互動，在這場首次當面接觸的「遊戲」中，求職者要明白「互動」才是王道。要時刻注意面試官的言談舉止，尤其是對方的眼神，如果面試官是兩個或是三個人，則要注意他們之間的肢體交流。

永遠不要只顧著自己說話，在面試的時候，「喧賓奪主」的求職者是最不受歡迎的一種人。既然是零距離互動，求職者就要有意識地與面試官就自己所應聘的職位進行交流，可以談一談自己的看法及展望，但一定要適度。

對於主動與面試官交流職位職責的求職者，面試官會認為具有主動出擊精神的員工，會具備將工作做好的潛力，企業都喜歡「超量」工作的員工，求職者的主動會給面試官留下好印象。

2. 時刻謹記自己的定位，不可反客為主

丁力對這次應聘非常有把握，他是一個專業的技工，有三年的工作經驗，在看到招聘啟事的時候，他就認為這個職位非他莫屬了。接到面試通知後，他收拾了一下自己，就興沖沖地趕過去了。

雙方寒暄坐下之後，丁力迫不及待地開口了，他像是連珠炮一般的向著對方發問：「會獲得什麼樣的職位呢？」「薪水是多少？」「公司對員工的福利是怎麼規定的呢？」

如此等等，讓面試官非常反感。結果不用說也知道，丁力沒有被錄用，他還要繼續奔波著找工作。

通常來說，面試應該是招聘方主導面試的整個過程，由招聘方來發問，求職者回答，偶爾發問。丁力沒有被錄取的原因其實非常明顯，作為招聘方的公司，他們首先希望聽到的是「求職者能為公司帶來什麼、做些什麼？」而不是「公司能為求職者提供什麼？」這是一個招聘的潛規則，但是非常符合情理。

求職者一定要謹記，在沒有付出之前就索要「回報」，這在面試中是非常不明智的。

3. 求職目標明確，言談有的放矢

在追求效益最大化的現代企業裡，員工做事目標明確，具有強大的執行力是非常受歡迎的品質。時間就是效益，相信沒有任何一家企業喜歡員工們在辦公室內閒談、八卦。

求職者更要如此，在寶貴的面試時間裡，要將自己鎖定的職位精準地定位，將自身是否符合這個職位以及有哪些優勢可以勝任這個工作清晰、有效地羅列出來，明確地傳達給招聘方，讓對方看到自身的職業素養與幹練果斷的職場風格，這樣可以人為地提高面試成功的機率。

切忌在面試中東拉西扯，求職目的不明確，不知道自己能做什麼。這樣稀里糊塗的求職者，在面試官看來，根本就是扯公司後腿的主兒，更別談錄用了。

求職過程中的面試雖然在一定程度上可以理解為是求職者的「秀場」，但是在這個舞上公司需要求職者展示他真實有效、有針對性的個人才藝、技能，而不是像模特走秀一般，空有一身華麗的衣服秀給觀眾看，實用性卻少之又少。企業需要的是可以創造效益的員工，而不是只會自吹自擂的職場「大喇叭」。

遭遇「面試團」，策略很重要

如果在面試時，你發現自己面對的不是一位而是一群面試官時，作為求職者，你心裡有什麼想法呢？

如果在交流過程中，眾位面試官都在打破沙鍋問到底，提出的問題五花八門，你該如何應對？

對此，專業人士總結了幾點遭遇「面試團」時的策略，我們不妨來學習一下。

1. 關鍵是要克服緊張和恐懼

恐懼和緊張會使求職者發揮失常，影響面試官對自己的「評分」。針對這種情況，求職者可以提前訓練，比如找朋友或自己用錄影做一番角色扮演：求職者進入房間後，向每一位「面試官」微笑、點頭；然後回答他們可能提問的刁鑽問題；最後讓朋友找出求職者可以改善的地方。

2. 多管齊下，提前做足功課

高亮在投履歷之前就瀏覽了目標公司的網站，關注該企業發展歷史和文化，並從中得知他們有「面試團」的優良傳統。為此，高亮特別準備了一番，事先瞭解有可能進入面試團的成員的名字、頭銜、級別排序。在網路上高亮還查詢了這家公司主管層的相關新聞報導，了解到該公司的總經理喜歡打籃球，單位也時常組織打籃球，文字旁邊還有他穿著紅色球衫投籃的圖片。

由於事先準備充分，高亮胸有成竹地參加了該公司的面試。幸運的是，在面試中，高亮一眼就看到了那位打籃球的總經理，於是高亮在陳述的時候表明自己籃球打得很不錯，尤其擅長 3 分球。高亮覺得打籃球這個話題打破了當時僵硬的氣氛，因為這不但表明高亮在家做功課了，還說明自己身強體健，能適合壓力巨大的職位工作。後來高亮加入這家公司以後，高亮的上司說，面試那天他「給總經理留下了深刻印象」，遂被定為最後的兩位入圍者之一。

從高亮的經歷中，求職者可以汲取這樣的經驗：盡可能向現在或過去的公司職員打聽或上網瞭解目標企業的相關資訊。充分利用自己的資源，盡量瞭解面談可能持續的時間、問題數量和關鍵問題等資訊，然後可以湊成一份關於面試官底細的「小抄」，為可能被提到的問題準備答案，在面談時就能顯得鎮定自若。

3. 面對「面試團」，求職者事先要做更多準備

有人說，小組面試團的出現再次凸顯了獨享「尊榮」的招聘方可以任意對求職者挑挑揀揀。其實不然，面試團根本不是什麼新鮮的事，隨著各層次人才的求職競爭越來越激烈，這種做法也流行至企業的基層員工的招聘。

因此，不要對小組面試耿耿於懷，面試官雖多，你只需提前做好各種準備來應對就可以了。比如，以前你可能只需記住自己的背景和履歷，而面對眾多面試官，你可能還需要解釋你的背景和履歷為什麼符合對方當前的需求，向對方提供能證明過去成就的案例等等。

面對虎視眈眈的「面試團」成員，求職者切不可手忙腳亂，而要落落大方地與每一位面試官點頭致意，不要讓「面試團」的成員們認為你是一個沒有見過世面的職場「雛鳥」。

無論他們提出什麼樣的問題，只要求職者能夠抓住重點，頭腦清晰地作答，同時再注意使用我們前面講到的一些面試策略，就一定會征服「面試團」。

掌握贏「心」術，面試一定贏

負責面試的招聘人員，對於求職者最終錄取與否起到舉足輕重的作用，因此獲得面試官的好感和肯定是求職者能否獲得目標職位的關鍵。

那麼，在面試這短短的時間內，除了將自身具備的能力發揮到最高水準之外，求職者怎樣做才能順利贏取面試官的「心」呢？

1. 用校友情節套近乎

小張接到了招聘企業的面試通知，按照約定的時間，他來到該企業參加面試。進入面試程式後，小張發現自己面前坐著兩個面試官，而且，她還發現其中一名面試官嘴角邊有一抹似有似無的微笑。

小張可以肯定自己今天的裝扮不會出現任何差錯，所以這名面試官肯定不是在笑話自己。她挺了挺脊背，充滿自信地回答著面試官們拋出的問題。

面試間隙，那名總是面帶微笑的面試官突然問小張:「你是XX大學商學院的，學校中心花園的那座雕塑還在不在？」

小張一愣，隨即意識到這名面試官或許也是這所大學畢業的，才會對學校裡的建築有印象。於是，小張笑眯眯地將雕塑的事情淺談了幾句。面試官聽後也很開心，一邊聽一邊微笑。

結果顯而易見，面試的重心自然而然地落在了小張的履歷上，隨後，另外一位面試官又問了小張幾個問題，然後面試就在輕鬆的氛圍中結束了。不久，小張接到了該企業的錄用通知。

在面試中遇到校友、同學或是老鄉的概率並不高，所以絕大多數求職者在面試中並不會像小張那樣有好運氣。所以，求職者不必挖空心思去獲悉面試官是不是與自己沾親帶故或是有其他「八竿子打不著」的關係，而只有用心，並且科學地準備面試才是王道。

但是想要在面試中取得好成績，不是僅憑用心準備就能獲得的，還要在面試中因地制宜、隨時應變。面試官畢竟是凡人，總會摻雜一些主觀因素在面試過程中，所以，「見風使舵」或許會為自己贏得一張好牌呢！

2. 用謙遜恭順的姿態贏得好感

郭敏應聘的工作職位是一家頗具規模的公司的行政助理，這個職位要求文字功底扎實、英語口語也要流暢。郭敏平時就喜歡寫寫畫畫，大學主修中文，英語也不錯，加上平時總參加英語社團的一些活動，所以口語很好。郭敏自信滿滿地去面試。

接待郭敏的是一位看起來精明幹練的男面試官，在問了幾個問題之後，他突然開始用英語提問，在進行一一作答的過程中，郭敏發現這位面試官的口語並不是那麼好，並且，還出現了一些很明顯的錯誤。於是，她調整一下自己，在回答問題的時候盡量選用簡單的語句和詞彙，且語速舒緩，面試官感覺到這個求職者實力不錯，而且很會「照顧人」，於是，他問問題的時候，也有意識地為郭敏考慮。

在這位面試官的舉薦下，郭敏順利地拿到了錄用通知。

面試的時候，將自己最具實力、最光彩的一面充分展示給面試官，當然是不錯的選擇。但是，面試的實際情況不一而足，並不能一概而論，還是要隨時應變。所謂「到什麼山頭唱什麼歌」，這也是為什麼很多有經驗的老人們都會告誡去面試的女性求職者，切記不要將自己濃妝豔抹，穿著過於漂亮、性感的衣服。誰都不知道面試官是否會是一個年長的女人，女性求職者這樣的青春無敵，這樣的光彩照人可能會招致面試官的嫉恨，若是因為這樣痛失工作機會，真是得不償失了。

3. 注意面試官的細節，聽取弦外之音，用共同愛好營造好感

職業學校畢業的曉東去應聘一家電器公司的市場銷售，在招聘台前，曉東先觀察了一會兒，並沒有急著投遞履歷。過了一會兒，曉東看見其中一位面試官有空閒了，他走上去與他攀談起來。

面對一個陌生的求職者，面試官一開始並不樂意與曉東閒談，說話間，曉東呈上自己的履歷，面試官隨意看了兩眼，瞥見曉東的履歷上愛好一欄寫著愛好體育，尤其是羽毛球、排球之類。

面試官一看，就與曉東聊起了羽毛球。他說，大學的時候他在體育課上選修了羽毛球，與搭檔配合得非常好，後來比賽的時候還取得了很好的名次等等。曉東於是和面試官神聊起來，並將自己的一些打球經歷說的很精彩又很幽默。

聊著聊著，面試官對曉東產生了一些好感，儘管面試官的公司並不需要曉東這種學歷的畢業生，但是，他還是向另一位同行推薦了曉東。

就這樣，曉東順利地進入了那家公司。

其實，在求職大軍裡，為了得到工作無所不用其極的人非常多，只是與面試官閒聊一下又有何不可呢？只要面試官不反感，什麼樣的方式都值得一試，誰叫面試官掌握著工作是否屬於你的「生殺予奪」大權呢？曉東正是通

過在面試時注意觀察細節，善於聽取面試官隨意透露出的弦外之音，然後用與面試官的共同愛好營造好感，使得面試官樂意為曉東提供更多的機會。

可見，想要在面試中脫穎而出，除了自身能力要優秀之外，習得幾招「攻心術」也是很有必要的。

清醒應對薪酬待遇，小心提防薪資陷阱

說到工作就不能不說薪資的問題，那在面試中要不要詢問薪酬呢？怎麼詢問呢？在面試中就詢問薪酬會不會讓面試官認為自己是一切向「錢」看呢？很多求職者在面試中想到薪酬問題都會在心裡犯嘀咕。

對於薪酬，當然一定要詢問！不過需要注意詢問薪酬的技巧，並且要問得清清楚楚、明明白白，不能讓薪資中的騙局把你套牢了。

先來看一下入職後才發現薪資低的原因是什麼。

1. 勇氣不足

「不知道如何開口」是求職者們在「談薪」問題上遇到的最大也是最多的問題。應屆畢業生和面試經驗較少的職場新鮮人，容易在看似強勢的企業面前滋生自卑膽怯的情緒，一臉任人宰割的表情盡顯自己的弱勢與不足。沒有足夠的勇氣與企業談薪——不敢先提出來、不敢詳細詢問、面對企業開出的價碼，不敢說不。

對此，業內人士給出這樣的建議：求職者們可以把「勇氣不足」看做是成長中一個必經的過程。求職者第一次總會被企業宰割一次，但要明白這只能有一次！把這個過程看成是一次千載難逢的心志歷練場，這樣才能讓自己的心態平和，然後在日後的工作中不斷磨煉自己，積累砝碼到下一次的薪資談判中。如果在下一次的薪資談判過程中，你能處之泰然，那麼，恭喜你，你晉級了！

2. 不瞭解行情

這種情況常常發生在轉行或企業屬性變更的時候。求職者面試前沒有做足薪資功課，入職後一旦產生橫向比較的機會便會心有不平。哪怕是「三姑六婆」的隨便一句「你的工資怎麼這麼低？我們家那誰做的事情可輕鬆了，可是工資卻是……」，壞了，這樣一句話就會引發最少幾天的無比鬱悶。

針對這一點，業內人士給出了這樣的建議：求職者應為自己造成的薪資落差感「買單」，並且不能有怨言，因為這是自己沒有事先做足必須的功課造成的，理應自己「買單」。迴旋的餘地就是再一次向上級主管提出加薪要求。

但是，職場新人要切記，此次的加薪條件不能基於面試時薪資談低的基礎上，而是要以業績突出為由，這更容易讓主管和老闆接受。要求加薪的時間最快可以在入職半年後，但不宜頻繁提出加薪要求，否則你的回饋資訊會被上級解析為「我只要錢！我只要錢！錢對於我來說才是最重要的！」這會讓你失去更多發展機會。

再者，職場新人也可以要求變相加薪——提高福利待遇。若是「吃進買單」後，又選擇再次跳槽，請三思而後行，因為這次壓上的籌碼是「職業規劃管理」。

3. 不明白薪資構成

薪資構成不明晰，故意含含糊糊，是不規範的企業最喜歡玩的「花招」，面試時只談收入總數，讓求職者誤以為是基本工資。等月底拿到工資帳單時，才跌腳大嘆「糟糕」——保險按最低標準繳；福利待遇為零；餐費、交通費從每月工資中扣除……加班費根本就沒有！

關於這一問題，人力資源專家有哪些建議呢？

專家們認為，防範意識不強的求職者很容易吃這種啞巴虧。如果「淪落」到這步田地，則可以要求企業增加福利待遇，比如增加年假天數；要求彈性工作制；提供免費公司停車位；完善職業發展規劃或給予訓練機會等非現金福利，當然前提是自己有不可替代性。考慮到招聘成本和培養成本，企業或許會鬆口。如此一來，求職者也算是為自己爭取到了一些福利，在心裡也能稍稍平衡一些。

4. 在「稅前稅後」上疏忽大意

馬虎的求職者容易在「稅前」「稅後」的問題上疏忽大意。有些企業索性「前後」均不寫明，工資卻按稅前發放。等員工發現後加以詢問，企業會很明確告訴你沒有標注即是稅前。

為了避免這種情況發生，看看職場「諸葛亮」是如何出招的吧：

勞動合同上約定的工資數額如無特殊說明，一般來說都是指稅前工資。所以面試時需要明確的，不妨直接問清楚，這個沒什麼可扭捏尷尬的。等到白紙黑字的寫在勞動合同中後，「鹹魚翻身」的可能性就沒有了，最直接的辦法還是要求提高福利待遇。不過這一切，最後還是要歸結於一點，自己的工作業績不能太過糟糕，如果糟糕到企業都想辭退你了，而你卻還在那裡自顧自地要求加薪，不是很好笑的事情嗎？所以，提出加薪的前提就是自己要足夠優秀，優秀到企業不願意失去你這樣的人才。

其實，無論事後怎樣補救，怎麼迴旋，薪資不合適的心理暗示已然形成。雖然以後可以做一些努力去爭取，但是一想到自己跳進了薪資陷阱，求職者就會一肚子惱火。所以求職者在面試談薪資時要掌握主動，因為這關係到你的生活品質，不可失去勇氣，不可糊塗，更不可隨隨便便，滿口答應，以為讓自己看起來「大方豪爽」是一件好事，企業會因此就錄用你。談及薪資問題時，一定要頭腦清晰，以免事後後悔，追悔莫及。

工資待遇大方談，這不丟人

一般說來，求職者對於強勢的企業都有一些畏懼心理，要求職者自己主動開口談薪水，往往會不知所措，甚至覺得難以啟齒。

但在有些企業面試時，即使你一再避談薪水，面試官還是會要求你正面回答這個問題。事情到了這個份上，不如見招拆招。

只是，怎樣談薪資是需要技巧的，如果處理不當，甚至會將自己的面試搞砸。

策略 1：把期望值放到行業發展的趨勢上

求職者對於自身能力要有全面的評估，最起碼要做到心中有數。在回答這個問題前，先考慮你的專業是什麼，人才市場對你這類人才的需求有多大；留意一下你周圍的人：你的同學、你的朋友、和你找同一個工作的人，他們能拿多少薪水；結合招聘企業的實際情況，取他們中間的一個平均值來考慮你的期望薪資，同時還應該多留意各種新聞中和本行業有關的報導。

只有做到知己知彼，才不至於在面對這個問題時手忙腳亂，或是開出不切實際的價碼，自己給自己的面試潑冷水。

策略 2：談薪水的時候不要拘泥於薪資本身

有經驗的求職者都知道，在面試中談薪水，是不能「就薪水談薪水」的，要把握適度合理的原則。求職者要告訴自己的面試官，薪水不是最重要的，你更在乎的是職位本身，你喜歡這份工作；告訴面試官你希望企業能瞭解自己的價值。這樣，就能將薪金問題提升到另一個高度，將有助於你找到一份滿意的工作，而不是與面試官在幾百塊錢的幅度上面「糾纏不清」。因為「糾纏不清」只會給面試官留下非常糟糕的印象，對自己的求職成功非常不利。

策略 3：在薪資問題上，要給自己留後路

旅遊專業的章華畢業後到一家大型的旅遊會展公司面試，在圈內人看來，這是一家非常有名氣，非常有實力的公司。在面試中，章華表現得也非常出色，因為她本身就是一名優秀畢業生。

但當面試官與她談到她期望的薪資的時候，她開出了一個較高的薪資標準，與這家企業公司開給新員工的薪水差距較大。面試官聽到這個數字之後，就立刻明確表示：這樣的高薪水，我們公司是不能接受的。眼看著面試陷入僵局，自己喜歡的工作就要失去，章華又不想將自己開出的薪水調低。而且直覺還告訴她，如果她立即主動調低薪水的話，這份工作也肯定「與她無緣」。

於是，章華鎮定一下，開始做了如下努力：她先是告訴面試官，薪水不是最重要的，重要的是自己希望能在公司學習、工作，提升自己；另一方面，章華又拿出自己以往的工作經歷，並結合會展業的前景進行分析，因為章華的分析非常到位，讓面試官們不得不承認，她確實是一個不可多得的人才，「薪資談判」的僵局被章華巧妙地化解，重新進入了一個融的談話氛圍中。

最後，章華的「緩兵之計」扭轉了談判局勢，也最終使她獲得了這份理想中的工作。

薪酬問題既然無法避免，那就不如化被動為主動，主動出擊「迎戰」面試官，有策略地進行薪酬談判，將自己作為求職者的羞澀、放不開統統拋到腦後去，一門心思地應對面試。

很多企業拋出薪酬問題，其實像是設置的其他面試問題一樣，都是為了考察求職者的個人能力與職業素養。如果求職者連這個很難解決的薪酬問題都能處理得非常漂亮的話，面試官也會被求職者清晰的理性思維所折服，當然也就不吝惜給出獲得職位的機會。

相反，如果求職者對於這個薪資問題扭扭捏捏，心裡非常想知道，但就是羞於啟齒，或是問得太過直接，沒有技巧，都會讓面試官對他產生非常不好的印象，求職成功也就是空談了。

最後還要說明的是，作為求職者，作為職位的候選人，無論你做什麼，在面試過程中認為「誰先提出薪酬對誰不利」而保持沉默是十分錯誤的。你必須清晰、準確地提出你的薪酬要求，並聽一聽對方的想法，然後再做適度的磋商。這種磋商有可能是一輪，也有可能是兩輪，總之，頭腦清晰地全力以赴就好，爭取自己應得的利益，這是每一位職場人士都應該擁有的權利。

面試結束後不應該落下的幾句話

當面試官在規定時間內完成了一切面試程式後，他總會禮貌地請求職者回去等候通知。一般來說，求職者總會說聲謝謝，然後不卑不亢故作鎮靜地離開。然而，事實上求職者在回去的路上就已經在開始焦急地等待回音，心裡七上八下，忐忑不安。

很多求職者都想改變這種狀況，其實，如果求職者在說完「謝謝」之前再說上一句變被動為主動的話，就不會讓自己的等待遙遙無期。

第一句話：「請問，您能給我這份工作嗎？」

實際上，有很多人是因為在面試結束時勇敢地問了這個問題或是諸如此類的問題，最終得到了那份工作。也許是這樣的勇敢打動了面試官，也許是這份執著讓面試官不好意思再拒絕，也許根本就是運氣。但不管如何，在聽完了面試官對那份工作的描述後，求職者可以張口說出這句話，求職者得到的最壞答覆無非就是「不行」、「現在還不確定」，或是「我們需要時間對所有的面試者進行綜合評估」。

但是，問了總比不問好，最起碼求職者的心裡會舒坦很多。

第二句話：「請問，我最晚什麼時候能得到回音？」

面試結束後，面對求職者的勇敢，面試官也許會說，「我們需要時間考慮」或是「我們會打電話給求職者約第二次面試時間」。為了掌握主動，求職者可以繼續自己的問題，因為求職者通常都想知道最壞的結果。面試官也許會說，「不會有什麼回音了」。求職者可能會因此感到傷心痛苦落荒而逃，其實沒有必要為此太過沮喪，至少這位面試官是認真而誠實的。求職者也可以另辟戰場全力以赴地準備下一次面試。

第三句話：「如果因為某種原因您沒有在最後期限通知我，我可以聯繫您嗎？」

有的面試官可能會因為這樣的問題惱火，但大部分的人都會理解求職者的心情，知道自己一旦忙起來可能會顧不上與求職者的約定。如果這樣，求職者主動聯繫他也是對他工作的支持。當然如果他們對求職者不感興趣，他們也一定會給出暗示：他們只是在敷衍求職者。

關於求職者主動聯繫面試官，並且這樣做會提高成功率的問題，有一個真實的故事。

一家外企原計劃要招聘一名有工作經驗的資深會計，但是到最後，一名剛畢業的求職者卻得到了這份工作。讓這家外企的面試官改變決定的原因只是一個小小的細節：畢業生小趙在面試結束之後當場就拿出了一塊錢，請求面試官有結果後就打電話給她。

因沒有工作經驗，小趙在面試時就遭到了拒絕，但她央求面試官：「請給我一次機會讓我參加完筆試。」面試官拗不過她，就答應了她的請求。結果，她以優異成績通過了筆試。在複試中，人事經理對她的表現頗為讚賞。但得知小趙沒有工作經驗時，人事經理決定放棄：「今天就到這裡，如有消息我會打電話通知求職者。」小趙聽了，向經理點點頭，從口袋掏出一塊錢硬幣雙手遞給經理：「不管是否錄取，都請您給我打個電話。」

人事經理從未見過這種情況，問：「你怎麼知道我不會給未錄取者打電話？」「您剛才說有消息就打，其實您的言下之意就是沒錄取就不打了。」

人事經理對小趙產生了濃厚的興趣，問：「如果你沒被錄取，我打電話，你想知道些什麼？」「請您告訴我，我在哪些方面未達到你們的要求，我好改進。」「那錢……」人事經理滿臉疑問，小趙微笑道：「給沒有被錄用的人打電話不屬於公司的正常開支，所以由我來付電話費，請您一定打。」經理笑了笑說：「請等會兒，我請示一下區域經理。」

區域經理在瞭解了事情的來龍去脈後，對人事經理說，請把錢還給小趙，不用打電話了，現在就通知她：她已被錄取了。

細節決定成敗，小趙的經歷給了求職者們一個很好的啟示。

第四句話：「您能否介紹一些其他可能對我有興趣的招聘者？」

如果求職者知道自己已被拒絕，不妨提出這個問題，或許會有一份意外的收穫。要知道，大部分面試官都是與人為善且願意提供幫助的，很可能他不需要這個求職者，而他的另一位正求賢若渴的朋友可能剛好需要這樣的求職者。

求職者在勇敢地提出以上問題後，仔細地記錄下可能存在的約定，並誠懇地對面試官為自己多耗費的時間表示歉意和感激，最後離開。回去以後，要整理一下自己的思緒，一天的求職工作結束，最後還有一件事，也是面試這一過程的最後一件事——寫一封感謝信寄出，做好面試的最後一個環節，做一個可以給面試官留下好印象的求職者。

輕鬆解決面試中的骨灰級「殺手問題」

面試就是求職者與招聘方的互動，絕大多數求職者之所以害怕面試，最大的原因是招聘方往往會拋出不太容易接招的骨灰級「殺手問題」，讓求職者一時不知道怎樣回答為好。

專家幫求職者列舉出了以下常見的7個「殺手問題」，並給出了應對的辦法：

1.「請對你自己做一個簡單介紹」

這個問題乍一聽，一點都不難，不就是介紹自己嗎？太簡單了，姓甚名誰，性別、年齡、愛好、工作經歷等，幾句話就好了。如果求職者真是這樣認為的，那麼，你已經被這個問題「秒殺」了。

企業設置面試問題，並不是無理取鬧，自然有其深層次的道理。上述的那些簡單介紹，其實求職者提交的履歷上都有，只是企業通過提問，來考察求職者是否能勝任其應聘的職位。

參透了問題的實質，求職者就該明白，企業想知道的是，你最擅長的技能是什麼，最深入的知識領域是什麼，最出色的性格特質是什麼，自己最成功的案例是什麼，等等。通過這些解答，企業會對你這個人有一個全面的瞭解，這才是這個問題設置的初衷。

求職者應注意，回答問題的時候，要偏重於自己積極的個性與務實的做事能力，或是很好的創意思維。無論是何種才藝，都要回答得合情合理，總之要自圓其說，招聘方才會相信。尤其要記住，回答完問題後要致謝，有禮貌的求職者很容易為自己的面試形象加分。

2.「談一談你最明顯的優點和缺點」

這個問題看似和第一道題一樣簡單，優缺點嘛，如實羅列就 OK 了！趕緊打住，如果你真的開始羅列你的缺點，譬如「我生性懶惰，需要有人督促才能做好一件事」「我做事三分鐘熱度，沒有長性」「我脾氣暴躁，沒耐心」「我嫉妒心強」如此等等，那麼，隨著你羅列的清單越來越長，你距離這份理想的工作也就越來越遠了。

聰明的求職者不會直接回答自己的缺點，而是用迂迴的方式答題，他會依照這份工作的要求，從自身的優點開始說起，將自己看似不明顯的小缺點摻雜其中，然後又說回到自己的優點上，並且著重突出自己的優點，這樣一來，優點被放大，缺點被縮小，同時又巧妙地回答了招聘方的問題，而且並沒有耍小聰明偷換概念，這樣靈活機動的求職者，怎能不討企業的歡心？

千萬不要自投羅網，只按照題目的字面意思來回答，多長個心眼兒，領悟面試官的意圖再答題。

3.「你對本行業的發展前景有什麼見解」

如果你不想要這份工作了，你可以直接回答「我看還行」或是「沒什麼看法，就這樣，我只是來找工作的，不是來開研討會的」。若是你對這份工作很感興趣，想得到它，那麼建議你在面試之前對自己鎖定的行業與工作職位進行盡可能詳盡的瞭解。

這樣的瞭解可以通過很多管道進行，你可以直接從網上搜索相關資訊，也可以去圖書館尋找資料。這個問題只有預先做了相應瞭解的求職者，才會回答得有底氣，也才會有獨到的見解，不會亂說一氣。

企業設置這個問題，為的是攔住非志同道合的「行業盲人」，讓行業的「知己」順利進入公司。畢竟，與什麼都不懂的新手在一起工作，肯定不如與「老戰友」共同奮鬥舒服。

4.「你認為想要勝任這份工作，你還欠缺什麼」

這個問題與前面提到的第二個問題一樣，企業要深入瞭解求職者的個人品質與職業素養，會一再地挖掘求職者的短處。求職者不能直接回答自己欠缺什麼。要知道，一旦你如實地列舉出自己不適合這份工作的原因，企業會真的如你所說，認定你並不能完全勝任這份工作，考慮錄用的時候也會很顧慮。

聰明的回答應該是這樣，再次重複自己的優點與優勢，然後「坦誠」地告訴對方：儘管我十分相信自己足以勝任這份工作，但是無可否認，我還缺乏一些必要的經驗。但是，經驗是可以積累的，而我本身的學習能力很強，我可以在進入公司後用最快的時間來彌補這些短缺，很快融入公司，快速上手新工作。

這樣的回答既讓招聘方看到了你的能力和自信，又看到了你務實的一面，企業會很樂意給這樣一個好學、求知欲強、有工作激情的求職者提供一個工作機會。

5.「你期望的薪資是多少」

福利和待遇是每名求職者最關心的問題，在現代公司中，薪資是最大的變數，有多大的業績就有多豐厚的薪資。當問到期望薪資時，一定不要真的報出一個數目來，若是這樣，企業會認為你是個死腦筋，不適合這個靈活多變的工作環境。

成熟的職場人會把這個問題拋回給招聘方，並說「希望貴公司看我的能力來定薪資水準，而不是我來定義自己的價值。」這樣的求職者更佔有主動地位，並且能把握薪水的自由度，不至於委屈了自己，也不會讓招聘方覺得其「獅子大開口」，自我定位不準。

6.「你能為公司做些什麼」

企業招聘職員，是為自身創造效益，當然要搞清楚招進來的員工到底能為自己做些什麼。這個問題很直接，不存在「陷阱」，但是求職者仍不可掉以輕心。此時，你該清楚，面試官已經將你當做「未來的員工」，你要再次明晰地闡述你的個人優勢，同時，要將你個人特質上的優勢轉化成一種具體的「工作實踐」。比如，你可以說「我的優點是整合資源，我來應聘銷售的工作，可以為公司開發更多的新客戶，同時善於處理人際關係也是我的一個優點。在開發新客戶的基礎上，我會很好地維護老客戶，並多爭取一些潛在客戶。」

具體明晰地羅列出你在新公司將要開展的「所作所為」，會提高你在面試者心目中的形象。

7.「你還有其他問題要問嗎」

之所以把這個問題放在最後，是因為這個問題著實是面試中的壓軸題，有著無比巨大的殺傷力。如果你之前的題目都回答的很好，最後回答得更好的話，你的面試會錦上添花。

如果你正在為安全度過「面試危險期」而暗自舒一口氣，聽到這個問題時趕緊回答「沒有問題」，那麼，企業會認為你缺乏必要的個性，並且缺乏創新精神。缺乏創新精神的員工是最不會創造效益的一類人，這種人被錄取的機會極小，除非在眾多的面試者之中，這個人足夠優秀。

如果你真的有問題，也切記不要在此時詢問關於公司福利的事情。為了表現你的求知欲與投入工作的激情，最好的問題可以是：請問貴公司對新進員工有訓練課程嗎？該如何報名參加呢？也可以是：請問貴公司的競爭機制是怎樣的？我可以知道嗎？

這樣的問題從側面表現出發問者的學習熱情及強烈的上進心，這樣極具工作激情的員工，企業怎麼會不喜歡？職場處處陷阱，面試更需謹慎。巧妙對待面試關卡中的「殺手問題」，為自己的職業生涯開一個事半功倍的好頭。

面試七大「雷區」，要繞道而行

面試不可輕視，對於求職者來說，面試事關求職的成敗，當然要全力以赴。但是，面試中潛伏著很多的「雷區」，若是求職者不小心踩到了，就會被炸得「粉身碎骨」。

雷區一：以自己為中心，誇誇其談

面試中對自己的經歷及能力的表述應簡明扼要，適可而止。但偏偏有人就喜歡打開話匣子之後就忘記了關上，沒完沒了地自吹自擂，吹噓自己以前有多麼厲害，每一句都以自己為中心，卻將面試官忘到九霄雲外去了。這樣不分主次、反客為主的做法是不可取的，會讓面試官產生極大的反感。

求職者別想著憑藉自己的三寸不爛之舌將面試官們說暈，身經百戰的面試官不是菜鳥，聽你的幾句大話就被收服了，他們只會在你口若懸河、舌燦蓮花之後，覺得此人十分淺薄，自然談不上錄用。

正確的做法是說話簡潔扼要，眼觀六路耳聽八方，時刻注意面試官們的表情與體態語言，把握好言談的「度」。

雷區二：搶話、爭辯

有的求職者為了獲得面試官的好感，就會試圖通過語言的「攻勢」來「征服」對方。這種人自我表現欲極強，在面試時只顧著自己說話，只顧著自己爽不爽，卻根本不在意面試官到底買不買他的帳。面試剛開始，就迫不及待地擺開「陣勢」，要麼是插話，面試官一句話還沒有說完，他這邊早就按捺不住了；要麼就是搶話，面試官上句話剛說完，還沒有喘口氣，他已經接下了話頭，並且自顧自說開去；要麼就是爭辯，對於面試中的一些問題，如果你和面試官的觀點不同，也要求同存異，切不可一直用質問、責問的語氣去爭辯。

這樣的求職者會讓面試官大跌眼鏡：連最起碼的尊重別人都不懂，哪一個企業敢錄用他？

雷區三：慎言不是在關鍵時刻不說話

面試的時候，面試官會拋出很多問題，這個時候就要積極開動腦筋回答問題，若是在一些很關鍵的問題上，求職者也奉行「惜字如金」的原則，那麼，整個面試過程中不就成了面試官一個人在唱獨角戲嗎？求職者還面試什麼呢？

在面對關鍵問題時反應遲鈍，看起來木訥無比的人，面試官不禁會想：是不是他平時的反應就很遲鈍呢？如果求職者給面試官留下了這樣印象的話，求職成功的概率就非常低了。

面試的時候，慎言很重要，但是慎言並不是不說話，面試本來就是說話交流，讓面試官考察求職者的能力和素質。如果求職者總是沉默不說話，不是反應遲鈍、木訥，又是什麼呢？

雷區四：不要高估自己，好為人師

求職就是求職，求職和在職不一樣。求職者即便感覺自己裝了一肚子的好想法，也不要洋洋得意地給這個建議，給那個提醒，作為一個初次見面的求職者，這些所謂的好點子絕不足以打動面試官。

在面試官眼裡，讓求職者談想法、提建議本身就是一把「雙刃劍」，一方面考察求職者的思維，一方面也給求職者挖了一個陷阱，這個陷阱會立刻讓你變成「好為人師」「好耍嘴皮子」的人。所以，在面試中，最忌諱提些帶忠告性質的建議，無論你的建議多麼中肯、多麼出色，你最好都留著，面試不是賣弄的時候。

雷區五：向面試官提問幼稚的問題

求職面試不是入學面試。面試官要考察的是你的綜合素質，同時你也可以問一些與你所學的專業相關的問題，或者問一些企業工作制度等方面的問題。作為一名求職者，在提出問題之前最好仔細考慮，必須好好想想你將要問的問題是否有現實意義，尤其不要提一些低級的甚至是幼稚的問題。

低級的問題有很多，舉個例子，如果你問：公司是否24小時供熱水，辦公室裡是否有洗手間，在平日是否組織大家旅遊等等幼稚的問題，這些問題會讓你之前付出的種種努力都付水流。

雷區六：神情傲慢非常，目中無人

這是平日喜歡自高自大、目中無人的求職者最容易犯的毛病。這類求職者可能具有些比他人更高一籌的優勢或資本，但這種優勢或資本很可能因為他的狂傲而顯得不值一提。

有兩個成語，一是「厚積薄發」，一是「深藏不露」，這才是能力資本的真正積澱。縱然你有再強大的優勢或資本，在應聘時你也是處在屈於人下的地位。在面試官面前大談自己的閱歷有多麼豐富，能力多麼高強，恰恰說明你這個人缺乏教養，根本不把別人放在眼裡，誰都敢得罪。

目中無人的求職者大多有一種莫名的控制欲，一心想壓著別人，以顯示自己的優勢。殊不知面試官生殺大權在握，讓他畢恭畢敬地聽你「指點江山，激揚文字」，他自己豈不是成了擺設？這樣惹惱了面試官，你認為面試會成功嗎？

雷區七：口無遮攔地亂倒苦水

求職不是訴苦會，更不是救助會。有些求職者在面試時擺不正自己的位置，面試官一提問，便藉回答問題大倒苦水，要麼是自己經歷了這樣或是那樣的苦難，要麼是自己的家庭負擔有多重。如果想以這樣的方式博得同情，然後以為自己就能得到一份工作的話，奉勸這樣的求職者還是趁早打消這種念頭。

口無遮攔地大倒苦水，只會讓面試官認為這樣的人心理承受能力差，遇見一點兒倒楣事就呼天喊地，認為自己承受了全世界最大的苦難一般。你認為企業敢錄用祥林嫂一樣的人物嗎？

關於面試，很多人都會有這樣的理解誤區：面試，一是要考察外貌；二是要考察口才。其實，企業面試求職者並不是要找一個花瓶，或是一個隻會耍嘴皮子功夫的職員，企業對於外在輕浮內在無實的人是避而遠之的，想要在面試中撈得更高的面試分，還是要憑真才實學。

總之，面試中「雷區」多多，求職者一定要小心謹慎，切不可因麻痹大意，讓自己的求職面試以失敗告終。

異地求職，須小心再小心

很多大學生畢業在老家或是學校所在的城市沒有找到工作，就將眼光投向其他城市，那些城市是陌生的，看起來好像蘊藏著更多的工作機會。於是，求職者們趨之若鶩，紛紛湧向自己並不熟悉的陌生城市，想徒手開啟一片藍天。

可是，由於求職大軍中以畢業生、職場菜鳥居多，而這些群體對於找工作基本沒有什麼經驗，所以很容易受到無良公司的欺騙。

因此，我們要提醒那些剛畢業的大學生：異地求職，一定要慎之又慎。先來看看騙子公司的手段吧，雖然都是小伎倆，但是，在求職心切的求職者看來，卻沒有漏洞可言。騙子公司的常用招聘手段包括以下 4 種：

1. 漫天播撒招聘資訊

無論是網上還是現實中的大街小巷，都貼上了看起來非常精美，措辭也非常到位的招聘廣告，上面的招聘要求非常簡單，門檻也不高。求職者們會覺得應聘這樣的工作難度較低，所以很容易上鉤。

2. 主動給求職者打電話

場面性地問一些常規問題，然後再簡略地說一下薪酬或是根本就不說薪酬，只是說試用期過後就轉正、加薪之類的話，最後就要求求職者第二天就去上班。有這種既不需要學歷、資歷，也不需要面試、筆試，根本不問求職者的能力、品行，就讓求職者去上班的公司嗎？這樣的公司、這樣招聘負責人是不是太過草率了呢？

3. 無固定電話

打給求職者的電話是手機而不是固定電話，如果是固定電話，那極有可能求職者打過去之後就是公用電話。求職者可以想一想，一個正規的公司用手機招聘員工的可能性有多大？一個正規的公司怎麼可能連固定電話都沒有呢？這是不是太荒唐了？

4. 用一些「親切關懷」來套求職者的話

問公司所在地有沒有求職者的親戚朋友同學之類的熟人。他們有可能會說，這是為了安排住宿方便，如果你這邊有親戚朋友，你就請他們幫你安排住宿，如果沒有親戚朋友，公司會幫你安排住宿。請注意了，安排住宿是假，想探口風才是真。如果你說有，那麼，有可能你就不會被錄用——因為騙子不想這麼快就敗露。

5. 免除面試

當你詢問要不要面試的時候，對方或許會說：不用了，從你的履歷上來看，你的能力非常好，你這個人非常優秀，我們老闆認為，你不需要經過面試了，可以直接來上班。這時候你就要注意了，不需要經過面試的公司一般情況都不可信，除非你與公司內部的某個人有親戚關係，可以利用關係進入公司。但是，在異地求職中，在公司裡有親戚的求職者少之又少，基本可以忽略不計。

應對異地求職陷阱，求職者需記住下面的對策：

（1）盡可能地參加校內和校外的徵人博覽會，因為在這些博覽會上，企業的合法性都經過仔細審查，相對比較安全，有騙子公司的可能性非常小。

（2）就業博覽會上的招聘企業雖然經過了審查，但還是會有一些「漏網之魚」。求職者可以通過工商部門的網站查證招聘企業的身份。這種查證非常簡單，只要出示個人有效證件，工商部門是會提供這種服務的。只要是正規的、在工商部門註冊過的公司，都會在工商部門的電腦系統裡查找到相關資訊。

(3) 如果求職者是通過網路應聘的，則要注意目標單位的通訊位址是否詳盡，聯繫方式是否有固定電話。對於那些只留手機號碼的招聘單位一定要多加提防。

(4) 如果在進行電話面試時，招聘方詢問你的身份證號碼，你應該立刻提高警惕，切記不能告訴對方，對方極有可能會打著面試的幌子騙取你的身份證號碼去做壞事，到時候你就有理說不清了。

(5) 一定不要輕信招聘方對於自己公司的描述。現代社會的資訊管道那麼多，求職者完全可以通過網路進行查詢、或是向老師、同學、朋友諮詢等多種方式核實該公司的真實性和可靠性。

(6) 千萬不能隻身一人去異地參加面試，特別是女生，可以約幾個同學一起前往。臨行前，務必把自己的去向告訴父母或者老師、同學，以防萬一。

(7) 如果招聘方在電話裡讓你順便帶幾個同學或是朋友一起去某某公司工作。此時，要千萬注意，你很可能遇到了傳銷機構。這也是傳銷組織常用的一種「招聘手段」。

求職者異地求職，人生地不熟，凡事一定要小心。如果有可能，盡量選擇到親戚朋友或是同學所在的城市尋找工作，可以讓他們先打聽一下目標公司的可信度與真實性，切不可莽撞地相信招聘公司的「通知」，傻乎乎地去「上班」，莫名其妙地掉入職場黑陷阱，到時候後悔不迭。

經典面試 30 問及回答技巧

1. 請你簡單介紹一下你自己。

回答提示：很多求職者回答這個問題時都過於平淡，只是簡單說一下姓名、年齡、愛好、工作經歷等情況，其實這些在履歷上都有，面試官最希望知道的是求職者能否勝任工作，包括：最強的專業技能、最精通的知識領域、個性中最積極的部分、做過的最成功的事情等。求職者一定要突出自己積極的個性和做事的能力，說得合情合理，面試官才會相信。另外，求職者在回答每個問題之後都要說一聲「謝謝」，面試官喜歡有禮貌的求職者。

2. 你對於我們公司瞭解多少？

回答提示：在去企業面試前上網查一下該公司的資料（最好是企業官方網站），對主產品、管理風格以及企業文化做一個全面瞭解。求職者在對企業情況進行簡單描述時，如果再加上諸如「公司可以考慮改變一下策略，加強與國外大品牌的OEM合作，自有品牌的部分則可以通過海外經銷商來提高國際市場的影響力」等一些這樣的建議，會起到很好的效果。

3. 你為什麼願意到我們公司來工作？

回答提示：對於這個問題，求職者要格外小心。如果你已經對企業作了研究，你可以回答一些詳細的原因，如「公司本身的高科技環境很吸引我」「我希望能夠進入一家與我共成長的公司」「我關注到公司一直都穩定發展，近幾年來在市場上很有競爭力」或者「我為公司能夠給我提供一個與眾不同的發展平台。」這些回答會顯示出你已經做了一些調查，也說明你對自己的未來有了較為具體的遠景規劃。

4. 你能為我們公司帶來什麼？

回答提示：面試官想知道未來的員工能為企業做什麼，求職者應再次重複自己的優勢，你可以回答：「就我的能力，我可以做一個優秀的員工，在組織中發揮作用，給組織帶來高效率和更多的收益。」面試官喜歡聽到求職者就應聘的職位表明自己的能力，如果申請行銷之類的職位，你可以說：「我可以開發大量的新客戶，同時，對老客戶做更全面周到的服務，開發老客戶的新需求。」

5. 你怎麼理解你應聘的職位？

回答提示：求職者可以把該職位的職位職責和任務及所需工作態度闡述一下。

6. 你為什麼喜歡這份工作？

回答提示：由於每個人的價值觀不同，所以評斷的標準也會有所不同。但是，求職者在回答這個問題時，不能直接把自己心裡的話說出來，尤其是薪資方面的原因。不過一些無傷大雅的回答是不錯的選擇，如交通方便、工作性質及內容頗能符合自己的興趣等都是不錯的理由。如果你能說出這份工作的與眾不同之處，則會給自己大大加分。

7. 你對這份工作的期望與目標是什麼？

回答提示：這是面試官用來評斷求職者是否對自己有一定程度的期望、對這份工作是否瞭解的問題。對於工作有明確目標的人通常進步較快，對於新工作自然很容易進入狀態。求職者最好針對工作的性質找出一個確實的答案，如業務員的工作可以這樣回答：「我的目標是能成為一個超級業務員，將公司的產品廣泛地推銷出去，取得最好的銷售業績；為了達到這個目標，我一定會努力學習，而我相信以我認真負責的態度和能力，一定可以達到這個目標。」其他的工作也可以比照這個方式來回答，只要在目標方面稍微修改一下就可以了。

8. 就你申請的這個職位，你認為自己還欠缺什麼？

回答提示：面試官喜歡詢問求職者弱點，但精明的求職者一般不直接回答。求職者可以繼續重複自己的優勢，然後說：「對於這個職位和我的能力來說，我相信自己是可以勝任的。只是我需要熟悉一段時間，但這個時間不會太長，我的學習能力很強，我相信可以很快進入工作狀態。」企業喜歡能夠巧妙地躲過難題的求職者。

9. 你工作經驗欠缺，如何能勝任這項工作？

回答提示：①如果面試官對應屆畢業生的應聘者提出這個問題，說明企業並不真正在乎「經驗」，關鍵是看應聘者怎樣回答；②對這個問題的回答最好要體現出求職者的誠懇、機智、果敢及敬業；③比較好的回答是：「作為應屆畢業生，在工作經驗方面的確有所欠缺，因此在大學期間我一直利用各種機會在這個行業裡做兼職。我也發現，實際工作遠比書本知識豐富、複雜。但我有較強的責任心、適應能力和學習能力，而且比較勤奮，所以我在做兼職時每次都能圓滿完成各項工作。請公司放心，學校所學及兼職的工作經驗使我一定能勝任這個職位。」④對於這個問題的回答，要重點突出自己的吃苦能力、適應能力以及學習能力（不是指學習成績）。

10. 對於這項工作，你有哪些可預見的困難？

回答提示：①面試官提出這個問題，一般有兩個目的：第一，看看應聘者是不是真正在行，說出的困難是不是在這個職位中普遍存在的問題；第二，想看一下應聘者解決困難的方法對不對，以及公司能否提供這樣的資源。②求職者一般不要直接說出具體的困難，否則會使面試官對你的能力產生懷疑；③可以採取迂迴戰術，說出你對困難所持有的態度——「工作中出現一些困難是正常的，也是難免的，但是只要有堅忍不拔的毅力、良好的合作精神以及事前周密而充分的準備，任何困難都是可以克服的。」

11. 如果我們錄用你，你將怎樣開展工作？

回答提示：①面試官問這個問題的主要目的是瞭解應聘者的工作能力和計劃性、條理性；②如果求職者對於應聘的職位缺乏足夠的瞭解，最好不要直接說出自己開展工作的具體辦法；③可以採用迂迴戰術來回答，如「首先聽取主管的指示和要求，然後就有關情況進行了解和熟悉，接下來制定一份近期的工作計畫並報主管批准，最後根據計畫開展工作。」

12. 你希望與什麼樣的上級共事？

回答提示：①通過應聘者對上級的「希望」可以判斷出求職者對自我要求的意識，這既是一個陷阱，也是一次機會；②最好迴避對上級具體的希望，多談對自己的要求。

回答樣本：①作為剛步入社會的新人，我應該多要求自己盡快熟悉環境、適應環境，而不應該對環境提出什麼要求，只要能發揮我的專長就可以了；②我希望我的上級能夠在工作中對我多加指導，對我工作中的錯誤能夠立即指出。」

13. 在完成某項工作時，你認為主管要求的方式不是最好的，自己還有更好的方法，你會怎麼做？

回答樣本：①原則上我會尊重和服從主管的工作安排，同時我會找機會婉轉地表達自己的想法，看看主管是否能改變想法；②如果主管沒有採納我的建議，我也同樣會按主管的要求認真地去完成這項工作；③假如主管要求的方式違反了公司制度或國家法律，我會堅決地提出反對意見，或者向更高級別的主管反映。

14. 工作中你難以和同事、上司相處，你該怎麼辦？

回答樣本：①我會服從主管的指揮，配合同事的工作。②我會從自身找原因，仔細分析是不是自己工作做得不好，或者是為人處世方面存在不足。③如果我找不到原因，我會找機會跟他們溝通，請他們指出我的不足。④作為公司員工，應該時刻以大局為重，即使在一段時間內，主管和同事對我不理解，我也會做好本職工作，虛心向他們學習。我相信，他們會看見我在努力，總有一天會對我微笑的！

15. 你覺得你個性上最大的優點是什麼？

回答提示：頭腦冷靜、條理清晰、立場堅定、樂觀向上，樂於助人、關愛他人、適應能力強和具有幽默感等，這樣的個性很容易受到企業的歡迎。

16. 說說你最大的缺點是什麼？

回答提示：企業通常不希望聽到求職者直接回答缺點是什麼，如果求職者說自己小心眼、愛忌妒、非常懶、脾氣大、工作效率低，企業肯定不會錄用你。但也不要自作聰明地回答「我最大的缺點是過於追求完美」。聰明的求職者會從自己的優點說起，中間加一些小缺點，最後再把問題轉回到優點上，突出優點的部分。

17. 你的朋友如何評價你？回答提示：面試官想從側面瞭解一下你的性格及與人相處的能力。這種問題可以有多種回答方式。

回答樣本：①我的朋友都說我是一個可以信賴的人。因為我一旦答應別人的事情，就一定會做到；如果我做不到，我就不會輕易許諾。②我覺得我是一個比較隨和的人，與各種人都可以友好相處；在我與別人相處時，我總能站在別人的角度考慮問題。

18. 最能概括你自己的三個詞是什麼？回答樣本：適應能力強、有責任心、做事有始有終（結合具體例子進行說明）。

19. 你欣賞哪種性格的人？

回答樣本：熱情、誠實、容易相處、有「實際行動」的人。

20. 你怎樣對待自己的失敗？

回答樣本：我們從來都不是十全十美的，但我不會「在同一個地方跌倒兩次」。

21. 什麼會讓你有成就感？

回答樣本：在工作中戰勝一個又一個挑戰；盡自己所能，完成主管交辦的每一項任務。

22. 你通常如何處理別人的批評？

回答樣本：①沉默是金，不必說什麼，否則情況更糟，不過我會接受建設性的批評意見；②我會等批評者冷靜下來再與他進行討論。

23. 你和別人發生過爭執嗎？你是怎樣解決的？

回答提示：這其實是考官布下的一個陷阱，此時求職者千萬不要去指責別人的過錯。求職者應該知道，成功解決矛盾是一個協作團體中成員所必備的能力。假如你在一個服務行業工作，這個能力就是最重要也是最基本的要求。你是否能獲得這份工作，將取決於對這個問題的回答。面試官希望看到你是成熟並且樂於奉獻的。他們通過這個問題瞭解你的成熟度和處世能力。通常情況下，通過彼此妥協的方式來解決爭端是最正確的方法。

24. 談談你對加班的看法？

回答提示：實際上企業問這個問題，並不代表一定要加班。只是想測試求職者是否願意為公司奉獻。比較理想的回答是：「如果是工作需要，我會義不容辭加班。我現在單身，沒有任何家庭負擔，可以全身心的投入工作。同時，我也會提高工作效率，減少不必要的加班。」

25. 你對薪資的要求？

回答提示：如果你對薪資的要求太低，那顯然貶低自己的能力；如果你對薪資的要求太高，那又會顯得你「分量過重」，企業會雇傭不起。一些雇主通常都事先對招聘的職位定下開支預算，因而他們第一次提出的價錢往往是他們所能給予的最高價錢。他們這樣問你，只不過想證實一下這樣的價錢是否足以引起你對該工作的興趣。

回答樣本：①我對工資沒有硬性要求，相信公司在處理我的問題上會妥善合理。我注重的是職業發展機會，所以只要條件公平，我不會計較太多。②我受過系統的專業訓練，不需要進行大量的訓練，而且我本人也對應聘的職位特別感興趣。因此，我希望公司能根據我的實際情況和市場工資水準，給我合理的薪水。③如果你必須自己說出具體數目，請不要說一個寬泛的範圍，那樣你將只能得到最低限度的數字。最好給出一個具體的數字，這樣表明你已經對現在的人才市場作了調查，知道像自己這樣的雇員有什麼樣的市場價值。

26. 五年之內，你的職業規劃是怎樣的？

回答提示：很多求職者都會被問到這個問題，比較常見的答案是「做一名管理者」。但是最近幾年來，有不少公司建立了專門的技術途徑，這些工作往往被稱作「顧問」「參議師」或「高級工程師」等。當然，說出其他一些你感興趣的職位也是可以的，比如銷售部經理、生產部經理等一些與你的專業有相關背景的職位。面試官一般都喜歡有進取心的求職者。如果你此時說「我不知道」，那麼你很可能就會喪失一個好機會。你可以回答「我準備在技術領域有所作為」或「我希望能按照公司的管理思路發展」。

27. 談談你對跳槽的看法？

回答樣本：正常的「跳槽」能促進人才合理流動，應該支持。但是，頻繁的跳槽對單位和個人都不利，應該反對。

28. 導致你離開現在公司的原因是什麼？

回答提示：①求職者要使面試官相信，自己在以前公司的「離職原因」在現在應聘的這家企業裡不存在；②不能摻雜主觀的負面感受，無論你對前任公司有多少的怨言，都不要表現出來，尤其要避免對前任主管的批評；③不要把「離職原因」說得太詳細、太具體；④一般不要用薪資作為理由，「發展空間」的理由也被說得太多，離職理由要根據個人的實際情況來設計，但回答時一定要表現得很真誠；⑤同一個問題並非只有一個答案，而同一個答案也並不是在任何場合都有效，關鍵在於求職者掌握規律後，根據面試現場的具體情況，並有意識地揣摩面試官提出問題的心理背景，然後投其所好；⑦舉例：「我離職是因為以前的公司倒閉了」，或者「我家在外地，因為家裡有事，必須請假幾個月，而公司又不可能准假，所以只好辭職」。

29. 說說你對行業、技術發展趨勢的看法？

回答提示：面試官對這個問題一般比較感興趣，只有有備而來的求職者才能過關。求職者可以先在網上查詢一下所應聘企業所在行業的相關資訊，只有深入瞭解才能產生獨特的見解。求職者在面試過程當中，可以「順便」談及一些自己所瞭解和掌握的行業資訊。面試官當然希望進入企業的人是「知己」，而不是「盲人」。

30. 你還有什麼問題要問嗎？

回答提示：這個問題看上去可有可無，其實很關鍵。面試官不喜歡聽到求職者說「沒有問題」這樣的回答，但他們也不喜歡你問一些個人福利之類的問題。求職者可以問問諸如「公司對新進員工有沒有什麼訓練項目，我可以參加嗎？」或者「我想知道公司的晉升機制是怎樣的？」面試官很願意聽到這樣的回答，因為這體現出你對學習的熱情和對公司的忠誠度以及你的上進心。

第六章 試用期內雷區多，蜻蜓點水有訣竅

該開口時就開口，勞動合約要簽好

在久經職場的人眼裡，勞動合約就是護身符。他們對於如何簽署勞動合約、怎樣維護自己的利益早已心知肚明。但對於初涉職場的新手來說，與強勢的用人單位相比，完全是弱勢群體，稍不注意就會遭遇各種職場陷阱，勞動合約裡更是會潛藏著各種「不平等條約」。

在就業形勢十分嚴峻的今天，找到一份工作很不容易，若是在簽署合約的時候不謹慎，求職者就會被企業這個刀俎變為任意宰割的魚肉了。

在職場上該開口時就開口。作為進入職場工作的第一關——與公司簽署表明雇傭關係的勞動合約，每一位職場新人都要慎之又慎。

小王與陳姐早就相識，當小王大學畢業的時候，陳姐的公司正好在招聘，陳姐就將小王帶去公司面試，小王的實力確實不錯，被人事經理一眼看中，直接錄用。小王非常開心，因為她的辦公桌和陳姐是對面，這樣有很多事情可以請教陳姐這個老員工，作為公司的新進員工，她近水樓台，可以更快地融入公司。

第一件事就是簽署勞動合約，小王一竅不通，她拿著合約向陳姐請教，請她幫忙把關，陳姐幫她仔細看了一遍合約，然後告訴她，這份合約可以簽，沒有明顯的職場陷阱。一句話把小王唬住了，在校時就聽說職場的「水」很深，卻不明白在勞動合約上也可以做手腳。陳姐笑笑，對她說，職場風大浪大，小心為妙。

誠然，行走職場一定要謹慎有加，從最初勞動合約的簽訂，到最後勞動合約的解除，都要投以萬分的小心。剛從「象牙塔里」走出來的職場新人，一定要小心簽合約這一關。

1. 在簽署勞動合約之前，要注意雇傭單位的資質，若對方並不是什麼名企，求職者可到工商行政管理局去詢問該公司是否合法存在。切不可盲目相信打著什麼公司的牌子就來招聘的來路不明的單位，以免上當受騙。

2. 在簽署勞動合約時，一定要閱讀合約的全文，與自身利益密切相關的條目一定要細看，比如職位職責等條款。職位職責條款規定了你在公司裡的職務與工作性質，若求職者遇到那種模糊的語句，如「服從單位調遣和安排，單位有權調動勞工工作職位」此類條款，求職者可與單位交涉，請其將之具體化，不具體的條款對求職者是不利的。在日後的工作中，這類條款就是潛在的「地雷」，勞工一不小心，就會跨入「雷區」，後悔莫及。

3. 正規的公司都會幫員工辦勞健保，並承擔著依法為員工交納保費及退休金的義務，這是勞工的權利，切記要定期查詢自己的保費是否被足額交納，如有拖欠行為或是數目不對，務必及時與單位交涉，運用《勞基法》有效地維護自己的合法權益。小王在後來的工作中，就時不時地被陳姐提醒，讓小王登錄一個可查詢保險金的繳納情況的網站，看看有沒有什麼問題。由於她們所在的單位是一家正規的企業，小王定期查詢，並沒有任何拖欠的行為或是數額不對的情況出現。

4. 勞工要記得向單位依法索要納稅憑證。在信用就是生命的今天，如果一個社會人的信用在銀行系統上有了汙點，那麼，所有的貸款和抵押就會與之無緣了。一般情況下，公司是稅法上的代扣代繳義務人，但是很多公司卻在這個環節上動了手腳，等到勞工發現的時候，為時已晚——銀行拒不給勞工辦理貸款或抵押。所以，納稅憑證極其重要，不可大意。

5. 勞動紀律條款也要細讀。沒有規矩不成方圓，任何一個單位都有一套自己的考勤制度。員工進入一家公司正式報到之後，就要開始遵守勞動紀律了。白紙黑字的考勤管理制度，遵守起來沒有難度。怕的是有些主管在口頭上給你傳達「旨意」，其實心裡看你不爽，玩陰招，設計將你從單位剔除。考勤制度是公司所有規章制度中最基礎也是最重要的制度。勞工在簽署了合約之後，就要嚴格按照公司規定的考勤制度開展工作，注意保護好自己的合法權益，萬不可盲從某位主管，以免落入職場陷阱。

勞動合約是證明勞資雙方關係的書面憑證。對打工者而言，勞動合約有無比重要的作用。套用股市裡的一句話：「合約有風險，簽署需謹慎」。薄薄的一張紙承載著的是打工者在用人單位所具有的權利和義務。

雖說權利可以放棄，但是義務不能不履行。只要簽署了勞動合約，如果合約裡存在著對打工者不利的條款，說這份合約相當於「賣身契」絲毫不是危言聳聽。很多打工者在發生了勞動糾紛之後，才後悔當初沒有細讀合約條款，原來裡面暗藏著那麼多的陷阱。

但是，即便鬧到勞動仲裁機關，深受「霸王合約」侵害的打工者也無法保證可以勝訴。因此，對於初涉職場的新人來說，看得懂、搞清楚勞動合約的條款，然後再下筆簽署，才是安全行走職場的正道。

千萬不要與十種職場貴人擦肩而過

試用期中，在新公司、新職位上，除了看似冷漠的老闆，還有分不清是遠是近、是敵是友的同事們。當然了，在這些關係網中，有幾種不可忽視的人，他們就是你的「職場貴人」，這幾類人萬萬不可怠慢，他們是你職場生涯不可或缺的好夥伴、好老師，關鍵時候會為你保駕護航。

第一種貴人：在關鍵時刻無條件力挺你的人

這種人你平時看不出他的好，或許他不愛說話，也不會對你有多照顧，頂多只是見個面打個招呼的交情而已。但是在危急時刻，他願意相信你，願意為你的清白作證，當他知道有小人在你背後中傷你，說你的是非時，他會立刻跳出來挺你，說出他所見到的事實，幫你澄清自己。這種人就是你的貴人。

第二種貴人：在你旁邊嘮嘮叨叨的人

人們總認為，嘮嘮叨叨的人是很令人討厭的，整天像是一隻蜜蜂一樣，又像是一個絮絮叨叨的老婆婆，總是這裡看你說話不順眼，那裡看你做事不舒服。於是，他總是嘮叨你，提醒你，告訴你這件事不能這樣做，而應該那麼做；這樣做事的方法其實不好，有個更好的辦法，既省時又省力。

如果在職場中有一個人這樣對你，那麼，恭喜你，他的嘮叨會使你少走很多彎路。在他的嘮叨下，你的工作也會開展得更好。不要嫌棄他的嘮叨，因為他喜歡你，才會對你嘮嘮叨叨。

第三種貴人：願意與你共用、分擔的人

願意陪你一起經歷風雨的夥伴，是你的貴人。很多人會在有難時離開你，但是當你有所成就時，他們就想要和你一起享受成功。沒有分擔，只要分享，這是哪門子道理？

在你工作上有困難時，會伸出手去幫助你的人，在你的工作取得了或大或小的成功時，衷心地為你高興的人，可以陪同你分擔一切的苦，分享一切的樂，這就是知心人，這就是你的貴人。

第四種貴人：教導你，提拔你的人

這種人眼睛裡可以看到你的長處，也將你的短處無一例外地盡收眼底，他表揚你的優點，也指出你的缺點，並且協助你改正缺點，向著更正確的方向邁進。

他瞭解你，也理解你，他能協助你，也能提拔你，他不會嫌棄你的不足，也不會笑話你工作上的失誤。

第五種貴人：欣賞你的優點的人

一個願意發現你的長處、欣賞你的長處、接納你的長處的人，肯定是你的貴人。有些上司雖然會發現你的長處，但是他未必會喜歡它並欣賞它，更別說接受它！這個問題的關鍵在於上司往往擔心你會對他造成威脅，特別是當你的長處是他的弱項的時候。

第六種貴人：願意成為你榜樣的人

貴人言行一致，言必信、行必果，講到就肯定做得到。他們往往不喜歡誇大，習慣於默默地做事，做的比說的多，這種貴人具有超強的實力和謙虛的性格。多與這樣的人相處，學習他們身上的長處，提升自己，以他們為榜樣激勵自己。

第七種貴人：遵守承諾的人

貴人只會作出自己能夠遵守的承諾，因為他們很清楚地知道自己的能力所在，以及自己能不能做到承諾的內容。信守承諾是每一個有所成就的人必備的好品質，與願意遵守承諾的人共事，你也會言而有信，從而建立起自己的職場品牌。

第八種貴人：不放棄你，相信你的人

如果你問自己是不是其他同事的貴人，那你是否有好好栽培對方和相信對方？貴人是不會放棄他的組員的，貴人會相信對方；貴人會視對方無罪，一直到對方被定罪為止；貴人會完全相信他的夥伴，並全力支持他。與這樣的人共事，你會最大限度地挖掘出自己的潛力來。

第九種貴人：嚴格對待你的人

如果有一個人還願意生你的氣，你應該感激他，這是因為他還很在乎你。試想，如果你完全不再愛對方，你還會理會他嗎？愛的反面並不是恨，而是冷漠。

這種貴人會因為你的疏忽對你生氣，甚至會嚴格要求你做改正，嚴格到幾乎苛刻的程度，順著他的意思去做，你會將工作做得非常漂亮。

第十種貴人：為你著想的人

這個世界上最不缺的就是冷漠，如果有一個人願意為你的高興而高興，遇見事情的時候會為你著想，那麼，這個人就是你的貴人。為了他的關愛好好努力吧，你將會更有勇氣和力量面對一切工作和挑戰！

職場貴人多多，很多時候是「隱形」的貴人，這就要靠你自己去發覺。其實很多時候，你只要努力做好自己的本職工作，樹立良好的個人品質，都會招來一些貴人的相助。每一位職場人都應感恩自己的職場貴人，為自己順利遊走職場增加籌碼。

潛規則：用腦子說話，用眼神溝通

細心的人都會發現，當我們拿起電話求助客服時，電話那頭傳來的都是「您好，XX 公司，請問有什麼可以幫您的？」這樣一句簡短的話，為什麼會成為幾乎所有企業的客服用語？我們從這句簡短的話中可以發現，這句話既向客戶問好，又讓客戶確定求助物件是否正確，還詢問式地探聽了客戶的需求，然後再對症下藥地說明客戶。

俗話說「十年修得同船渡」。在一家公司工作，同事之間自然是有不淺的緣份。當別的同事遇到困難時，大多數人都不會無動於衷，可是在幫助同事的過程中，如果我們缺乏像企業客服人員那樣的語言技巧，時常會弄巧成拙，落得一句「好人難當」的感慨。

小楊和小趙是某公司市場開發部一、二組的主管，他們既是好朋友，又是大學四年的同窗。兩個人一起到公司，都從最初的小職員晉升為部門主管。小楊為人熱情，積極進取，受到主管和同事的一致好評。他特別捨得花錢，經常請同事到外面吃飯，也經常下班後請主管喝酒。同時，小楊還熱心助人，經常幫助同事幹這幹那，從無怨言，對上級交代的工作，更是一點也不敢馬虎，每一次都做得漂漂亮亮。用小趙的話說，「他能走到主管這個位置都小楊的幫助成就的」。的確，不管小趙的工作上出現什麼問題，小楊都會「兄弟般」地挺身而出，拔刀相助。但也因為小楊的「熱情過度」，他的「幫助」時常會「燙傷」小趙。

有一次，市場開發部主任召集各組主管人員開會，分析當前的市場形勢時說：「大家知道，我們公司成立至今，面對市場的激烈競爭，業績卻直線上升，這是與我們市場開發人員的出色工作分不開的。現在，公司的市場佔有率已領先其他同類公司很多。不過，二組對西部兩個市區的市場開拓工作一直未見成效，這使我們整個市場開發工作變得很被動……」

此時，熱情似火的小楊看見小趙沮喪的樣子便開口說道：「主任的意思，是要我們市場開發部拿下西部最後兩個市區的市場，我們一組可以協助二組一起完成這個艱巨任務。」

「對！」主任讚許地看了一眼小楊，「小楊說得很對，看來你對此早有考慮。作為我們市場開發部的得力人員，最重要的就是要胸有全域，規劃長遠，這樣才能永遠立於不敗之地。小楊在這點上，比各位要略勝一籌。根據公司的長遠發展規劃，公司主管研究決定，我們將於年內開拓西部最後兩個市的市場，具體工作由小楊全權負責，希望各位都能給予大力支持。」

主任的話說到了這份上，小趙再也無顏占著這個主管的位置。他第二天便向公司提交了辭呈，悄悄地離開了公司。小楊因此非常苦惱，自己並非想排擠好友兼同事的小趙，只是想幫助他一起打好商戰。

俗話說得好「幫人幫到底，送佛送到西」。小楊的熱情似火不僅僅沒有幫助好友將仗打完，還將好友的「前程」斷送在自己的幫助上。

其實，很多職場新人都上演過這樣的「悲劇」。他們在幫助同事的時候，通常遵循的是「用耳朵聽話，用嘴巴溝通」的職場顯規則，卻往往因此倒斃在「用腦子說話，用眼神溝通」的職場潛規則之下。在辦公室裡為同事「拔刀相助」的時候，一定要注意時機和策略，這樣才不至於讓自己的「好心」變成「驢肝肺」。

踏實做出成績，而非高喊「我很重要」

對於職場新人來說，進入新公司之後，最緊要的是盡快上手工作。想要在試用期內表現出眾，就要用事實說話，用自己出色的業績、超強的工作能力說話，而不是整天對著主管對著同事高喊:「喂，你知不知道，我很重要！」

作為職場新人，應該如何順利度過試用期呢？

1. 盡快上手掌握本職工作

「試用期」的重點最終還要落到掌握本職工作上，職場新人應根據自己的職位說明書，盡快瞭解工作職責、工作流程。很多公司通常都不會讓新人馬上接手業務工作，而是先安排他們從事一些整理材料、行政雜務等瑣碎工作。絕大多數的職場新人對於這種工作安排都不滿意，認為這是一種不重視自己的表現——根本不讓我熟悉業務嘛！

但是作為新人，也不好公然違背主管的工作安排。所以，很多新員工常常到試用期結束的時候，連基本業務都還沒有搞清楚。其實，明智的做法應該是：不怠慢上級交代的那些細小瑣碎的打雜事務，同時，勇於向主管表達學習本職業務的渴望。最重要的一點是，要與公司的老員工們處好關係，老員工深諳公司的一些工作流程，獲得了他們的好感之後，會對自己今後的工作大大助益。很多新人使用「偷師學藝」這一招，效果都非常好。

2. 恪守職場新人黃金法則

試用期中，新人的表現非常重要，想要安安穩穩地度過試用期，除了盡快熟悉自己的本職業務外，職場中的一些黃金法則更要恪守，只有做到這些，才會為自己安全度過試用期增加籌碼。

第一條法則：表現出穩健的工作作風

有些求職者認為，試用期也是一個雙向選擇的過程，如果對公司不滿意應該儘早放棄，試用期自然也就可以提前結束了。但是專業人士出招，現在的就業市場極其傾向於用人單位，在年輕人的求職履歷中，如果第一份工作的時間太短，就會讓以後的用人單位產生質疑，而這種質疑基本上都是指向打工者的。所以，求職者最好在入職之前仔細考察好應聘的企業。開始試用後，要盡量表現出踏實穩健的工作作風，就算心裡有小抱怨，也不要表露出來，更不要說出來。

第二條法則：「打雜」也很重要

職場新人，尤其是處在試用期中的職場新人，千萬不要小看了「打雜」。基本上所有的企業都會讓試用期的員工去做一些瑣事，比如列印材料、收發檔案之類本不是試用員工份內的工作。企業的本意在於考察試用員工的各種素質和能力，比如，是否足夠細緻、有耐心，是否具有團隊精神等。

聰明的職場新人一定不能放過這些表現自己的機會。要知道，做好了這些瑣事，同事們和老闆都看在心裡，這比起你自己拉著每一個人絮絮叨叨地告訴他們你有多厲害、多能幹、多有品質的效果要好得多。畢竟，眼見為實，耳聽為虛。

而且，打雜也是很好的拉近與同事們關係的管道，切不可馬虎對待，否則會後悔莫及。

第三條法則：向老員工虛心討教

職場新人除了做雜事，更要在業務上多向老員工虛心請教。因為在平日的工作中，你已經為他們做了很多的小事，又盡心盡力地為他們打雜、服務，想必沒有人可以厚著臉皮拒絕你謙遜又真誠的態度。想知道自己的本職業務是什麼嗎？想知道自己的業務與誰與哪個部門關係密切嗎？向老員工們請教吧！

第四條法則：把握尺度，凡事不能「過」度

這一條尤為重要，很多職場新人都把握不好這一條。在試用期內，對老員工們謙遜有加、照顧有加是很必要的，因為是初來乍到，日後很多地方都要仰仗他們關照。打雜也是必須的，因為這是所有新人的必做之事。但是，凡事都要有個度，如果「熱心」過度了，大家就會習慣你的所作所為，你也會落個「大眾保姆」的下場。而且，對同事、主管過於殷會讓人們懷疑你的用心及人品。

這個「度」若是把握得不好，對自己以後的職業發展十分不利；若是把握得恰到好處，主管與同事就會被你的能力、作風與人品所折服。

總而言之，表現自己不能過度，要做到不卑不亢、謙遜有禮、熱情積極，並且要在公司內部樹立自己良好的口碑，這會為順利地度過試用期埋下一個很好的伏筆。自己的優秀並不是喊出來的，也不是與人閒聊聊出來的，而是做出來的、表現出來的。事實勝於雄辯，職場新人一定要明白這個道理。

加班熬夜不是改變結果的好方法

作為職場新人，尊重前輩，尊敬主管是基本的禮貌，但為了取悅主管而加班熬夜是不可取的。加班從表面上看，是工作積極的表現，但實際上，它也是能力不足、效率不高的體現。而且，加班不僅會浪費公司的資源（如水、電），而且還會形成一種不好的工作習慣，因一旦有人加班，其他人就會自主或不自主地跟著加班，打亂原有的工作安排。

謝麗應聘到一家外企做人事助理，初來乍到的她工作並不輕鬆，常常加班加點。而同時應聘來的另一位已經有兩年工作經驗的曉玲從來不加班，但卻經常有主管誇獎她工作完成得漂亮，時間安排得緊湊。

原來，經過兩年的職場磨礪，曉玲已經掌握了有效處理工作的方法，並且把它們總結歸納了一番：

首先，確定方向，不走冤枉路。工作僅靠忙碌是不夠的，問題在於你要明白自己到底在忙些什麼？開始工作前花點時間理清頭緒，仔細想想做這項工作的重點是什麼，希望藉此得到什麼結果，這樣做之後是不是真的能得到想要的結果，與你的主管及上下流程的同事一同討論，再決定整個工作的走向及流程。

曉玲的工作有一項是分配新進人員。對於這項工作，曉玲通常都是先跟各部門主管溝通他們需要的人才類型，然後進行合理分配。因為曉玲的出色表現，各個部門的同事都對她讚不絕口。

其次，運用系統思維方式，將各項工作分門別類地進行，養成把握重點、循序漸進的習慣。哪些工作比較緊急，必須馬上去做；哪些工作比較重要，必須多花時間；哪些工作不太緊急或不是重點，可以緩辦。不考慮工作的優先次序，常常導致忙活一場卻一無所成。而且被拖延或耽擱的事情，等以後再去做時，往往已經失去了時效性。按照工作的緊急性決定完成工作的優先順序別，按照工作的重要性決定投入工作的時間，同性質、同種類、相似性高的工作一起解決。

曉玲在工作中有時還需處理一些人事糾紛，而這些糾紛通常都是發生在那些被解雇的員工身上。通常這個時候手頭無論有多麼重要的工作都要先放一放，處理完人事糾紛之後再繼續先前的工作。否則若因糾紛引起事故，就是一個不小的麻煩了。

再次，事前做好充分準備。在工作過程中再花時間去尋找所需的資料或工具，只會事倍功半，徒增出錯的機會。提前將一切都準備好，即取即用。要有「工具箱」的觀念：隨時將工作中獲得的各種人脈、資訊、材料等資源「登記造冊」，收入「工具箱」。在以後的工作中可以隨時拿出來使用，以便縮短時間，提高效率。不要總是「臨時抱佛腳」，腦袋空空地事情，這樣永遠得不到想要的結果。

曉玲時常會採取電話溝通的方式與一些求職者進行交流。但每次通電話之前，曉玲都會先寫下電話交談中想瞭解的資訊的要點和提綱，並在正式通電話時，隨時記錄。這樣一來，每個電話的作用都非常精準。

由於曉玲每天的工作都安排得井然有序，8 小時的上班時間已經足夠她完成所有的工作任務，所以她從來不為加班熬夜發愁。

除了曉玲總結的這幾個方法之外，下面再介紹兩個工作方法供職場新人借鑑。

1. 擁有得心應手的辦公工具

對於白領一族，經常使用的 e 化輔助工具，包括電腦、事務機、傳真機等，其實都有一些技巧可以提升效率。就拿電腦來說，有時會發現運行速度很慢，這樣很容易影響到工作效率。所以保證電腦的運行速度十分重要。

電腦變慢的原因很多，最常見的是感染病毒，如果殺毒軟體不能解決問題的話，那就只能重裝系統了。另外，導致電腦變慢還有一個重要原因是，你電腦中的垃圾檔在日積月累之下積重難返，這些垃圾檔不僅既浪費了磁碟空間，嚴重時還會拖垮你的系統，這會極大地影響到你的工作效率。處理的方法有很多，如下載安裝個清理軟體，可使你的電腦快速瘦身。

2. 適度放鬆自己，消除工作壓力

很多人都有一種錯誤的觀念，以為多做一點事情，多花一點時間，就會有多一點價值。可是，人在筋疲力盡的狀態下，反而容易犯錯，也許隔天醒來，發現又要從頭來過。這個時候，你需要適當休息放鬆一下，工作效率才會更高。每天中午花 15 分鐘時間閉目養神，可以相當於幾個小時的睡眠效果。

職場新人在工作當中，無論是出於盡職盡責，還是為了取悅主管，都完全可以利用正常上班的 8 個小時，完成所有工作。如果你不能按時完成，那一定是你的工作方法有問題。找到正確的工作方法，才能使你輕鬆享受工作的快樂。

想得到重用，先有勇氣坐到老闆身邊

老闆是什麼？老闆就是「老板著臉的人」——老闆掌握著對員工的生殺大權，所以對於很多員工來說，能離老闆多遠就離多遠。畢竟離得遠了，事情也就找不到自己頭上了。

做行政助理的李虹覺得自己有點背，只是因為開會前發了一個很急的傳真，結果趕到會議室時，位子都被同事們坐滿了，環視了整個會議室一周，她發現只有老闆旁邊有一個空位子。

李虹本想與要好的姐妹擠一擠，可是她們坐在靠裡面的位置，不好再過去了。李虹咬咬牙，心想，我又沒做錯事，幹嘛不敢坐在老闆身邊？就這樣，李虹走過去，拿出筆記本，開始做記錄。

老闆開會開得很高興，除了大說特說之外，還時不時地提醒身邊的李虹注意記錄。李虹覺得很尷尬也很痛苦，這個會開得真累，看著那幫躲在角落裡的姐妹，拿著筆裝樣子多開心。但是，因為老闆就在自己旁邊，裝樣子可不行，所以李虹拿出速記的本領，將老闆說到的要點都記下來。

再後來，只要是開會，李虹總會被同事們推到老闆旁邊的位子上去坐。一開始李虹還覺得挺彆扭，連續幾次之後，她也就習慣了。只要是開會，李虹就坐在老闆身邊，充當會議紀錄。老闆也注意到了這個總在埋頭做記錄的員工，他覺得李虹做事認真踏實，也敢於表現自己，是個很不錯的年輕人。

又一次開會的時候，老闆突然指著李虹說：從現在開始，李虹升任經理助理……

很多行走職場的人都抱怨「老闆不會慧眼識珠」，看不見自己的努力。可是，你也要問問自己，當老闆身邊只有一個空位的時候，你是不是正縮著腦袋躲在牆角裡？面對這樣一個不自信、沒能力，甚至連發言的勇氣都沒有的人，老闆只會覺得你是一個不折不扣的「膽小鬼」，和低調不沾邊兒！

全公司那麼多的普通職員，你讓老闆如何注意到你？

有這樣一個故事：

一位老闆去工地視察，一個工人領著老闆到處察看，然後他去幫老闆倒水的時候，就湮沒在一群藍色制服裡面了——因為這個工地的工人是清一色的藍色制服。

不一會兒，這個工人回來了。老闆對他說了這樣一句話：「你去領一套紅色的制服來穿，這樣我就可以輕易地認出你了。」

當一群人都穿藍色的時候，你穿紅色，這樣的你怎能不顯眼？想讓老闆注意到你，你應該勇敢地「秀」出自己、鮮亮在老闆的視線裡、勇敢地坐到老闆身邊！

如果李虹也和其他的同事一樣，每逢開會就不聲不響地躲在角落裡，又怎麼會得到晉升的機會呢？其實老闆並不是夜叉，也不是老虎，他也是一個普通人。職場人都經歷過這樣的場景；開會的時候，員工們都爭著坐在離主管較遠的位子上，即便有時主管招呼員工向自己靠攏，員工也不敢過於接近。他們一方面怕被人背後說自己拍馬屁，一方面也因為自己的工作做的不完美，有點心虛。

一來一往，老闆身邊的位子就成了員工們不敢涉足的「百慕大禁區」。其實，不敢坐老闆身邊只是一種膽怯心理作祟罷了。員工如果心地坦然地坐到老闆身邊，倒是自強自信的絕好位置。敢於坐到老闆身邊，你就成為那個穿紅色制服的工人，而那些縮在角落裡的員工們則像極了穿著藍色制服的工人。

「萬綠叢中一點紅」，你認為老闆的眼神會停留在誰的身上呢？

坐在老闆身邊還有一個很大的好處。老闆既然是老闆，作為一個企業管理者，自然有他的過人之處。坐在老闆身邊，可以近距離地與老闆接觸，向老闆討教想法或是做事方法，你會因此學到很多東西，獲得重大的收穫！

很多人都會覺得老闆身邊的祕書舉手投足之間有主管風範，其實這是因為祕書長期陪伴在老闆身邊，耳濡目染的結果。比起那些總是坐在辦公室隔間裡，每天機械地處理各種事務性工作的普通員工，老闆身邊的人自然要「高人一籌」。

與老闆相處要講究藝術，但是不要把老闆單純地當成老闆來看，老闆也是由普通員工成長起來的。但凡員工心裡的小心思，老闆都能揣測出十之八九來。與老闆相處不必太過拘謹，要以誠相待，盡力做好自己的本職工作就可以了。

不要總是龜縮在會議室的後排，要有勇氣坐到老闆身邊。那些長期充當「後排議員」的員工會慢慢地養成一種習慣，這種習慣會衍生成一種心理障礙，總覺得自己不夠優秀，自己不夠出類拔萃。長此以往，就更不敢坐到老闆身邊，從而陷入一種不利於職業發展的惡性循環。

初涉職場的新人，要給自己打氣，鼓勵自己，勇敢地坐到老闆身邊吧！通過這樣的舉動，你會獲得一種內心的力量，更會獲得鍛煉與提升自己的機會。只有這樣不斷地逼迫自己、超越自己，才能在人才競爭的職場賽道上跑出好成績。

掌握餐桌禮儀，別在餐桌上砸了飯碗

與老闆或是客戶吃飯，一定要注意職場上的餐桌禮儀。餐桌禮儀大有學問，稍有不慎，極有可能會砸了自己的飯碗。

因此，要想成為一個合格的職場人，餐桌禮儀是一定要懂得的。

1. 座位的學問

通常來說，餐桌座次是「尚左尊東」「面朝大門為尊」。

如果是圓桌，則正對大門的為主客座位，主客左右的位置，則以離主客的距離來看，越靠近主客的位置則越尊貴，相同距離則左側尊於右側。

如果是方桌，若有正對大門的座位，則正對大門一側的右位為主客；若不正對大門，則面東的一側右席為首席。

如果是宴會，桌與桌間的排列講究首席居前居中，左側依次2、4、6席，右側為3、5席，依照主客身份、地位、年齡、親疏分坐。

如果你是東道主，則應提前到達，在靠門口位置等待，並為來賓引座。若老闆出席，你應將老闆引至主座；若老闆不出席，你應將最尊貴的客人引至主座。

如果你是被邀請的客人，則應該聽從東道主的安排入座。

2. 點菜的禮儀

無論你翻開的是英文菜單還是法文菜單，即便你一個單字也不認識，也要沉著淡定。不要胡亂點菜，這樣只會暴露你的愚蠢，你的老闆也會認定你難做大事。

這個時候，你可以輕聲向服務員詢問有沒有中文菜單，或者請服務員幫你一起點菜。點菜之前，最好問問在座的客人有沒有什麼特別的喜好或忌口；點完菜之後，也不要大大咧咧地將菜單交給服務員了事，要請老闆過目。一方面出於對老闆的禮貌和尊重，另一方面要在客戶面前給足老闆面子。如果老闆提出補充意見，則應該做出適當調整。

害怕在餐桌上點菜，總是將點菜的權利拱手出讓的人，其實是在老闆面前讓出晉升或是加薪的機會。成熟的職場人士一般不會這麼傻。面對瞬間湧入視線的海量菜單資訊，他們會迅速地作出歸納總結，然後進行葷素搭配、特色盡顯，以照顧在座每位客人的喜好與口味。

如果點菜這一關你都過不了的話，老闆會認為你無法應對挑戰，應變能力與處理突發事件的能力都非常欠缺。試想，如果你在老闆的腦海中留下了這樣的印象，升遷或是被委以重任的好事兒還會落到你的頭上嗎？

點菜的過程中還有一點不容忽視：點菜時間的拿捏。時間一定不能太長，餓著肚子的客人會對你的猶豫不決感到極度的不耐煩。但是，你也一定不要沒有看完菜單就匆忙做決定，這在老闆看來是非常嚴重的問題——你太缺乏耐心、細緻的專業精神！這一點要謹記！

在商務宴請的餐桌上用餐，並不像與家人一起吃飯那樣輕鬆隨意。但是，對於職場中人來說，與老闆、同事、客戶吃飯又是無法避免的事情。從就餐習慣中，常常可以看出一個人的職場特質，職場新人對此要有一定的瞭解。

①餐具整齊、舉止優雅：這類人屬於特別容易管理的下屬，就是「很好用」的那種人，他們的自覺性、自律性、自制力都很不錯；

②大快朵頤、手腳並用：這類人是效率的追逐者，但常常是脾氣火暴，容易動怒，不知道他什麼時候就會突然爆發；

③風捲殘雲、津津有味：這類人是很好的管理型人才，非但有效率，而且還會深悟其中美味；

④按部就班、細嚼慢嚥：這類人做事絕對有條理，工作一絲不苟，具有極強的自覺自律精神，是絕好的管家型人才；

⑤口味古怪、隨性搭配：這類人極富創造性，思維天馬行空，是工作藝術上的「鬼才」。

經驗豐富的老闆、主管在與下屬一起進餐的時候，並不會放過任何觀察下屬的機會，他們會用獵鷹般銳利的眼光上上下下審視你——是否適合或是勝任你現在的工作。

而你作為一個下屬，尤其是職場新人，一定不要懈怠自己的餐桌禮儀。將每一次商務宴會或公司聚餐都當成一次嚴格的面試吧，你會因此得到意想不到的收穫！

當你在辦公室聽到不該聽的

有人的地方就有江湖。在辦公室狹小的空間裡，任何一點雞毛蒜皮的小事都能掀起滔天巨浪，對辦公室人員的工作甚至是生活，都會產生巨大的影響。這些閒言碎語無處不在，雖然古話說「事不關己，高高掛起」，但是在辦公室裡，在同一個部門中，想真正地中立，著實很難。

楊如是個心直口快的女孩子，已經進入公司半年了，因為她的性格活潑開朗，所以與同事們也相處得很愉快。但是，最近她明顯發現另一間辦公室的幾個同事開始有意無意地疏遠她，甚至連參加例行的會議時，也都不願意和她坐在一起。楊如百思不得其解，不明白自己到底是哪裡得罪了她們。

誰都不希望自己在公司裡受冷落、受排擠，楊如的心裡很不是滋味，她想回到以前的工作狀態，與同事們相處融洽，自己工作起來也有幹勁。幾天以後，楊如再也受不了了，她直接找到了人事經理助理。助理是一名年長的女性，在處理人際關係問題上很有一套。楊如滿面愁容，在助理面前坐下開始大倒苦水，助理認真地聽著，時不時點點頭。

楊如說完了，無助地看向助理，助理問她：「你有沒有和其他同事背後說別人的閒話？」楊如差點指天發誓了，她的頭搖得像撥浪鼓。「你再仔細想想。」楊如眉頭緊鎖，突然，她想起上個星期在洗手間的事情。那天楊如上洗手間的時候，有兩個同事一邊說話一邊走進來。楊如聽出來是小青和小徐的聲音，她本來想跟她們打個招呼。可當楊如聽清了談話的內容後，放棄了打招呼的念頭，而是支起耳朵聽下去。

「你說，那個曉霞怎麼做事這樣啊？招搖的很……」曉霞是楊如的好朋友，楊如把這些話一股腦兒全記下來，下班的時候就全部說給曉霞聽了。曉霞雖然沒有當即找小青和小徐算帳，但是在工作中總是不放過任何機會與她們為敵。事情到這裡就水落石出了。

「閒談莫論人非」，在公司傳播閒言碎語的人，給人的感覺就是不敬業。不論出於何種目的，在職場上說話不經大腦，散播不負責任的小道消息本身就是一種缺乏理性的行為。雖然在情感宣洩的層面上，當事人淋漓盡致地發洩了一通，但是對於工作，這樣的行為並不能起到良好的溝通作用，而且還會適得其反，有損自己的職業形象。當你覺得骨鯁在喉，不說不痛快的時候，那就回家對著鏡子拚命說，最起碼，你的鏡子不會出賣你。

如果有同事喜歡背後說閒話，如果他們不硬拉著你參加的話，你最好躲得遠遠的，和他們保持一種適度的距離。職場經驗表明，與眾多同事關係適度的人不僅人緣最好，也容易獲得上司的信任。切忌不可說閒話，在滔滔不絕的過程中極易說出一些不負責任的話來，這些沒有經過大腦就蹦出嘴巴的言語，將會變成職場上的潛伏地雷，不知道什麼時候就會被引爆。

楊如雖然沒有說別人閒話，但是她充當了「辦公室大喇叭」的角色，將閒話散播了出去，從而將自己推向了尷尬的境地。心直口快沒有錯，與朋友推心置腹也沒有錯，但是，請時刻提醒自己：這是在辦公室，不是私人場所，說話盡可能地斟字酌句，以免禍從口出。

辦公室人多嘴雜，沒有一句閒話也是不可能的，建設純淨的辦公室「軟環境」任重而道遠。作為一名職場人，在工作中對公司和同事有自己的看法或是異議，是再正常不過的事情。只是，想要成為一名合格的職場人，在「辦公室閒話」這個雷區一定要望而卻步，你可以採取其他的一些更有效的、更合理的方式與同事交流意見或是向主管彙報情況。電子郵件與當面懇談都是不錯的選擇，這些方式可以有效地避免閒話在傳播過程中的訛變。當你寫郵件的時候，你的思考會先於你的手指，你寫下的文字都是經過思考後的內容，比起不受約束的閒談，效果要好很多。當你當面向主管彙報情況的時候，你說話的方式也將不同於閒聊，你所說的話都是經過字斟句酌的，當然不會不顧一切地「胡亂放炮」。

辦公室從來都是是非之地，想要在這個環境裡安全行走，一定要學會「眼觀六路耳聽八方」，聽到不該聽的，看到不該看的，要盡量做到「非禮勿視、非禮勿聽」。大多時候，在辦公室散布小道消息或是閒言碎語的人，其背後都有不可告人的目的和用意。在這種情況下，萬不可被別人當「棋子」下，儘管閒言碎語裡面也含有建設性的意見，但是，一定要注意場合與時機。

當你在辦公室裡聽到「不該聽」的是針對你的，那麼首先恭喜你，你已經招人嫉妒了。如果是對你工作業績上的嫉妒，你完全可以坦然受之，流言蜚語並不能阻礙你繼續努力工作；如果是對你的工作作風和為人處事上的異議，你則要注意了，首先要進行冷靜的分析，然後找出真正的原因，有的放矢地進行改進與完善。

每一家公司都不會將一碗水真正端平，在「不該聽」的面前，每一名有經驗的職場人都應該轉過臉去，充耳不聞。

做好防火牆，謹防陷入職場人際漩渦

職場如戰場，這話一點也不錯。在這個瞬息萬變的職場裡，職場人時刻都要警惕著，作為初涉職場的新人，更是不能關閉「防火牆」。因為稍有不慎，你就會被捲進莫名其妙的人際關係漩渦。

只要有人的地方就會有矛盾，而有能力的人更容易身陷職場「鬥爭門」。矛盾絕對有是非，只是不同的公司有不同的是非標準，不同的人應對是非又有不同的價值取向。所以如果你不是玩辦公室政治的高手，那麼保護自己的最好辦法就是遠離是非，不要讓自己成為職場「鬥爭門」的犧牲品。

怎樣才能不做犧牲品呢？怎樣才能避開這些明爭暗鬥的職場漩渦呢？業內人士給出了以下 8 大注意事項：

1. 保持相對的獨立性

無論你是辦公室裡元老級的人物還是剛入職場的菜鳥，越是不輕易偏頗左右或者上下，越是不會被人輕易列入派系名單。不參與任何一個顯性的或是隱性的派系，不參與任何是是非非的傳播，做一個潔身自好的中間派，任何的派系鬥爭都不能招惹你，這樣的獨立，才是明智的。

2. 利用沉默的權利

明明知道事情的真相不是這樣的，明明懂得某個同事被誣陷了，但是，因為所有的人都在重複著不是真相的真相，所以，你想要獲得安全，也只能去附和著他們，但是你並不想這樣做，不想違背自己的良心，那就保持沉默好了。

3. 承認灰色地帶的存在

非黑即白、非白即黑的是非態度已經明顯 out 了，承認黑白之間的灰度空間不失為一個上上之策。所以職場人切記不要在辦公室裡輕易評判黑白是非，對錯之間不一定有絕對的標準，更何況每個人的視角也總是有一定的盲區，姑且接受別人的灰色吧，這樣可以減少很多不必要的爭執。

4. 可以有適度的遲鈍

不是每一次的快速反應都一定會博得喝彩，要讓自己擁有充分的時間和餘地去思考。有時「木訥」和「遲鈍」是使自己從困境中突圍的最好手段。慢一拍發言，慢一拍行動，或許可以不讓你掉入複雜人際關係的漩渦，聽和看比說和做更有效。盡可能表現出對辦公室政治不敏感的特徵吧，你的「愚鈍」會在很多時候幫助你遠離人際關係的漩渦。

5. 設定自己的底線

人在江湖漂，哪能不挨刀？常在河邊走，哪有不濕鞋？職場人很多時候都是身不由己的。即使你再中立，有時候辦公室裡的權利鬥爭還是會把你捲入其中，讓你哭笑不得，無法抽身。那麼，最好的方法就是設定自己的底線，只要是超過自己這個底線的事情，別人說再多的好話也不做；如果把你逼急了，你就可以說：對不起，這是我的底線，這是我的原則，請原諒我不能那樣做。

6. 降低你的欲望

辦公室的眾多糾紛和人際不和都源自對於金錢和權利的過分貪戀。所以一旦你的臉上寫滿了欲望，那麼就很可能被人利用成製造矛盾的焦點，而回報於你的就是各種各樣的辦公室鬥爭，讓你深陷其中不能自拔。適當降低自己的欲望，放棄一些不切實際的貪戀，一切就會變得簡單和從容，所謂「壁立千仞，無欲則剛」。

7. 放低姿態

把自己的姿態放低，永遠做個謙虛的「低年級學生」，並且把這種謙虛好學的態度公開表現出來，製造沒有殺傷力的表像，讓他人在「戰鬥」中忽略你的存在，這樣就會令自己處於相對安全的環境中。除此之外，還可以在辦公室裡尋找可以借鑑的榜樣，偷偷地學習他們生存的本領，因為只有適者才能生存。

8. 相信無為勝有為

想要在職場裡立足，並且越走越遠，並不是做一個勇往直前的勇士就萬事大吉。除了有勇之外，更要有謀。很多時候，戰鬥並不是最好的方式，相反，無招勝有招。別做四肢發達、頭腦簡單的辦公室生物，不要將自己的職場時光都耗費在兇險的明爭暗鬥中還渾然不知。

除了在辦公室中不要關閉「防火牆」之外，仍處在試用期中的職場人對於《勞基法》也要做到心中有數，如果自己的合法權益受到了損害，則要拿起法律武器保護自己。

根據《勞基法》及相關法規規定，試用期應包括在勞動合約期限之內，員工在試用期內享有報酬權，月薪不得低於最低工資標準。員工在試用期內出現工傷，應該享有法律規定的各種工傷保險待遇；因工傷喪失部分或全部勞動能力者，應該享受傷殘補助待遇。即使有的老闆不願意與試用員工簽訂書面勞動合約，事實勞動關係也同樣受到法律保護。勞工明白了這些規定，就不會輕易被矇騙。

調整心態，發牢騷只會讓你盡快滾蛋

試用期是每一位職場人士都要經歷的特殊階段。試用期結束後，職場新人就要開始走向漫長的職場之路。試用期長短不一，多則 3 至 6 個月，少則一星期或是一個月。《勞基法》明確規定，試用期是公司與勞工之間相互瞭解，雙方可以自由選擇的一個緩衝階段。

但是，這個緩衝階段常常並不緩衝。在職場人公認的試用期潛規則「七宗罪」裡，讓求職者們「深惡痛絕」的莫過於在試用期裡被當成苦力。職場對試用期有一個不成文的叫法，一是「廉價期」，二是「白幹期」。處於試用期的職場新人該如何面對試用期這道關卡呢？

其實，想安全平穩地度過試用期並不是「難於上青天」，只要擺正自己的心態和位置，對很多事情的「憤憤不平」都可以化作「泰然處之」。

阿麗和阿霞一同進入一家雜誌社工作，試用期都是 3 個月。在這 3 個月裡，性格外向的阿麗很快與同事們打成一片，並且在自己的工作做完之後，經常性地幫助同事幹一些打打文件、送送材料之類的小事情。每天都面帶微笑穿梭於各個辦公室之間，儼然像是一個「打雜的」，阿麗對此絲毫不在意，她通透過與同事們的友好相處，處處留心和請教同事們的工作方法，本職工作也幹得更出色了。

阿霞則不然。她的性格內向，很看不慣阿麗那樣滿心歡喜去「打雜」，總覺得那樣不有溜鬚拍馬之嫌，還讓自己很「掉漆」。試用期裡，她總是將全部的精力與時間都放在自己「份內」的工作上，「份外」的工作從不過問。每天下班時間一到，草草和同事們打個招呼，就低著頭回家了。

試用期結束之後，雜誌社主管的意見很明確：留下具有團隊協作意識的阿麗。而阿霞則又要去尋找下一份工作。

其實，對於每一位正在經歷試用期的新員工來說，誰都不會馬虎對待自己的本職工作，但是在與單位同事的交往上，在處理份內工作之外的事情上，每個人的方式方法都不同。然而，往往就是這些差異的方式方法才決定了試用期過後，誰走誰留的問題。

任何一家企業都喜歡「超量」工作的員工，這是毋庸置疑的。阿麗做完自己的事情之後，還會主動去做其他的瑣事，這就給了單位主管一個很強烈的信號：她是一個很勤奮的員工。而且，阿麗總是面帶笑容，與單位同事相處融洽，這又給了單位主管一個信號：她是一個善於團結協作、團隊意識很強的員工。雖然在試用期內，對於新進員工的考察並不能十分深入細緻地展開，但是相較於另一名新人阿霞來說，阿麗已經占了上風，贏得這份工作也是理所當然的。

阿霞的問題在於，她不想在試用期給單位做「打雜的」。的確，在試用期潛規則裡，「不安排實質工作，每天大多數的時間都是在打雜」位居第一條。但是，不管你是職場新人，還是跳槽老手，一定不要小看打雜，通過這些細小的事情，你會對新單位及你的新職位都有一個全面深刻的瞭解與定位，而這種定位恰恰是新單位主管希望你快速拿捏準確的。

打雜的時候切不可心懷不滿，覺得做這樣的小事真是丟人。即便你真的這樣想，那麼也請不要表現在臉上。要知道，所有人的目光都在看著你，在評估你是不是有足夠的耐心，工作是否踏實勤勉並且細緻。

除了「打雜」以外，試用期你或許還要坐「冷板凳」。作為新進人員，自然不如老員工在一起相處的時間長、氛圍好。如果你不幸受到了排擠、冷落，心平氣和是首要之務，多反省自己，多製造些工作之外的機會與同事們相處溝通，以增進彼此之間的友好感情。需要注意的還有，無論在哪個辦公室裡，都會有一個顯性的或是隱性的「核心人物」，這個核心人物就像是辦公室的精神領袖一樣，在試用期的時候要多注意觀察，說話要小心謹慎，最好不要與核心人物的言論發生衝突。

無論是試用期間還是轉正以後，工作都是重中之重。多向同事們學習，多向公司裡業績突出的老員工看齊，細心觀察他們工作上的方式方法，以及他們的思維方式，從中學習和借鑑，對安全度過試用期是極有幫助的。職場新人可以向老員工請教，可以與老資格們討論，可以有自己的想法與觀點，但要切忌清高自傲，狂妄自大，這是職場最不受歡迎的新人作風。

因為試用期的特殊性，所以薪資方面常常差強人意；頻繁加班以及無條件的服從，也是職場新人的一大痛苦。但是，既然試用期是橫亙在轉正之前的必須越過的那座大山，而你又必須要獲得這份工作，那麼就咬緊牙關堅持到底吧！既然決定了試用，就不要頂著一張苦瓜臉，向所有人抱怨「這份工作又苦錢又少」，在試用期裡，職場新人雖然也有一定的「話權」，但是不抱怨、不放棄、擺正心態，才是你的正確選擇。因為發牢騷並不能幫你解決任何實際問題，而只會讓你提前「滾蛋」。

試用期就像是一部相機，新進員工的一舉一動都會被拍下來，放在全公司的同事面前去展覽，讓所有的同事們去評論。新員工不僅要敬業，更要懂得自我約束。來自於主管和同事的評價，對於決定你是否能留下來繼續工作十分關鍵。如果你不在乎這些評價，堅持「走自己的路，讓別人說去吧」，那你就準備「捲舖蓋走人吧」。

四種老闆應避免，七種朋友謹慎交

誰都想自己的職業生涯有一個良好的開端，誰都想在職場上獲得很好的發展，成就自己的一番事業，實現自己的人生價值和理想。走進職場，就是走進了無數的選擇與坎坷。「物以類聚，人以群分」，作為職場新人，你該如何選擇自己的老闆和朋友呢？

首先，有 4 種老闆一定要強力避免，因為在他們的手下，你根本就不會有發展的機遇和空間。找一個奮發有為的老闆做職場「舵手」極其重要，如果你的老闆是以下 4 種人中的一種，那你可以考慮離開了。

1. 事無巨細，事必躬親

這種老闆真是太「敬業」了，無論大事小事，從辦公室的衛生、影印紙的領用到客戶關系的維護管理，從員工的考勤、工資的發放到銷售業績的統計匯總，他總是忙得團團轉。並且，這種老闆還常常自鳴得意地向下屬們宣稱：「這些事情，如果我不插手，你們能做得麼漂亮嘛！」事無巨細，事必躬親的老闆，無論如何是不放心下屬獨立工作的。在這樣的老板手下做事，你有多少發展的空間呢？

2. 喜歡朝令夕改

這種老闆真是太精細了，就看不得員工閒著，認為他支付了薪水，你就要一秒不停地為他幹活。他喜歡對員工下指令，喜歡讓你忙得暈頭轉向。但是，他更喜歡朝令夕改。上個星期讓你做一個策劃案，你千辛萬苦、絞盡腦汁地做出來了，他卻下令取消。公司一個團隊花費了數月做出來的一份計畫書，老闆上嘴唇一碰下嘴唇：推倒重來。毋庸置疑，這樣的老闆實在讓員工倒胃口。

3. 過河拆橋、喜新厭舊

當年趙匡胤將與他一起打江山的開國元老們都「杯酒釋兵權」了，若你的老闆在公司穩定之後開始大動干戈，將老員工們一鼓作氣全部開除。那麼，你要考慮自己是不是應該留下了。畢竟，員工流動性太高的公司是不利於施展拳腳做實事的。

4. 過於感性，感情生活複雜多變

雖說男人都愛美女，但如果你的老闆總是偏愛年輕漂亮的女性，並且喜歡隨心所欲、感情用事，四處拈花惹草，常常緋聞不斷，把大把的時間都浪費在處理感情糾葛上，他哪裡還有足夠的時間與冷靜的頭腦去經營企業，這樣的公司自然也不會有多大的發展。

職場新人初涉職場，如果遭遇上述 4 種老闆，就應該考慮另謀高就了。

除了老闆之外，職場新人對於結交新朋友也要慎重選擇。經常會聽到這樣的話：你與千萬富翁在一起，自己也會變成千萬富翁；你和乞丐在一起，也會沾染上乞丐的氣息。人不能沒有朋友，但是有 7 種朋友要慎交。

1. 城府太深型

雖然朋友之間也要有自己的私人空間與距離，但是，這種城府太深的朋友卻韜光養晦過度了，將自己包裹得十分嚴密，從來不和別人說自己的真實想法，也不會去指出別人的錯誤。與這樣的朋友相處，你就像對著一個冰冷的石柱，不明所以。

2. 唯利是圖型

天下熙熙，皆為利來；天下攘攘，皆為利往。人們追逐利益本是無可厚非的事情，但是唯利是圖就令人厭惡了。這類朋友可以被稱為「萬能膠」，只要你有便宜給他占，他就占起來沒完沒了；但是，如果占不到便宜，就立刻翻臉不認人，這種朋友是損友。

3. 口蜜腹劍型

心口不一，嘴上一套背後一套的人最可怕，這種人是笑面虎。平時你和他的利益沒有衝突的時候，對你笑嘻嘻的很和善。但是，一旦你們之間的利益發生衝突，他就會動用一切手段來打擊你。

4. 搬弄是非型

搬弄是非，逞口舌之快的朋友最令人鬱悶。這種人本事不大，可是就有本領將事情弄得一團糟。這種人極喜歡無中生有，散播流言蜚語。對於一個團隊來說，有這樣的成員存在，實在是壞事一樁。

5. 阿諛奉承型

能指出你的不足，幫助你進步的朋友是良友；而一味地奉承獻媚，表面上熱情無比，處處投你所好，對你就差卑躬屈膝的朋友，骨子裡其實另有所圖，你一定要看清這類朋友的真實面目，以免被他賣了還要幫他數錢。

6. 過分親密型

即便是相守一生的夫妻之間也需要適度的私密空間，更何況是朋友？這類朋友著實是太黏人了，而且好奇心極其旺盛，對別人的事情總要打破沙鍋問到底，而你若是不回答或是有所隱瞞，他會覺得你「不夠朋友、不夠意思」，與這樣的朋友相處，你會心力交瘁，不如敬而遠之。

7. 輕諾寡信型

這種人看起來相當豪爽，對於朋友的事情，在當面就差兩肋插刀了。但是，這種朋友常常只是說說就算了，並不會有實際行動。他慣常大包大攬，而事後則不聞不問，經常放朋友鴿子。這種毫無誠信的朋友，誰敢託付他做事呢？要是不想事情毀在他的手上，就與他保持距離吧！

人在職場總會有老闆和朋友，老闆需要選擇，朋友也需要選擇。「看你身邊的朋友就知道你是什麼樣的人」，這句話不無道理。慎選老闆，慎交朋友，才能使你的職場生涯少一些挫折和風險。

初涉職場必須知道的十個「禁忌」

職場新人邁入新職位最擔心的莫過於能否很快被「組織」接納。其實只要保持謙虛和謹慎，再加上勤快和熱情，順利地融入新公司並不是難事。那麼，怎樣做一個合格的職場新人呢？以下這十大禁忌如果不違反，你就成功了一半。

1. 不要違犯公司的紀律制度，更不要學「老鳥」們遲到早退

在學校要遵守學校紀律，在職場更要遵守勞動紀律。沒有規矩不能成方圓，初涉職場的新人們一定不能違犯公司的紀律制度。即便你在學校裡是出了名的「遲到大王」，你曠課逃學從來沒有人管。但是在公司裡你拿了老闆的薪水，老闆就絕不會縱容你。

很多新人開始幾天還能早到晚退的上下班，新鮮感一過就堅持不下去了，再加上眼看著有很多「老鳥」經常遲到早退，所以「很自覺地」跟風學習了。但我們奉勸你還是安分守己地「上好班」吧。要知道，作為新進人員，你的一舉一動都在大家的眼皮底下，一定要做好表面功夫，不要等到對你亮起紅燈的時候，才想到要改變。

2. 不要衣著邋遢，自毀形象，也毀壞公司形象

走進職場自然要遵循職場的規則，辦公室不是你自家的客廳，想穿什麼就穿什麼。職場穿衣打扮的禮儀是必須的，無論是職場老手還是新人，衣冠整齊不僅代表自己形象，也在一定程度上代表公司的形象。這也是為什麼服裝界有一個專有名詞「職業裝」的原因。女士著套裙，看起來通勤又幹練；男士西裝革履，則能體現莊重敬業的職業精神。

無論你在以前的日子裡偏好什麼樣的服裝款式，切忌把過於休閒的、暴露的、個性的、後現代的衣服穿進辦公室。看看你的同事們是如何著裝的，盡量向他們靠攏，總不會出大差錯。

3. 不要消極對待工作，不要拖延，更不要讓主管、同事等你

習慣了在學校的時候遲交作業，實習的時候遲交實習報告，在工作中就不要將這種令人深惡痛絕的習慣帶進來了。工作不容拖延，不要因為工作不是要求當天完成，就認為拖延一下沒關係，臨時「抱佛腳」的想法大錯特錯。當你拖延到一定程度的時候，也許工作已經積重難返，等到主管某天突然要求你將工作內容交給他的時候，你就會欲哭無淚了。

職場不能沒有計劃性，對於上頭分派下來的、自己分內的工作，能提前完成最好，若不能提前完成也要按時完成，不能因為你的進度而耽誤了同事的進度、公司的大局。工作都是一環扣一環的，職場新人一定不能偷懶，心思要活，手腳要快。

4. 不要全盤依靠公司的訓練來提升業務能力

很多企業對於新進人員都會開設訓練課程，以幫助新人迅速上手新工作。除了要認真消化所訓練的內容外，職場新人還要充分利用業餘時間進行自學，以提升自己的專業技能。

要知道一個職場新手不會僅僅通過一次短暫的訓練就能脫胎換骨，而且，訓練課上的東西多是華而不實的，真正有用的東西需要你深入職場去尋找。訓練就像大學上課一樣，老師講授一樣的內容，有的學生功課好，而有的學

生則很差。不要幼稚地將參加訓練與業務能力提高畫上等號，你需要用心觀察、思考、實踐、提取有用的知識，而不是被動接受。

5. 不要認為自己「還是大學生」

「我還是個大學生，這樣的錯誤可以原諒……」這樣的話從職場新人的嘴裡說出來，不亞於蠟筆小新的那句：我還是個小孩子，不要對我太認真。不要只顧著笑話蠟筆小新，「我還是個大學生」同樣可笑無比。

在職場裡，切記不要把這句話作為犯錯誤之後自我安慰的藉口，更不要仍以學生的標準要求自己，不要奢望別人的寬容和理解，而要搞清楚，你在公司裡享受著薪資待遇，你已經不是大學志工了。請老練些，你是一名職員！

6. 不要隨性地處理工作與人際關係，善於控制自己的情緒

你還是習慣性地把辦公室當成大學的宿舍嗎？同學之間開句玩笑無傷大雅，可是成熟的職場人不會把內心的喜怒哀樂全部掛在臉上。辦公室是工作的地方，不是你私人情緒的垃圾桶。

職場新人一定要學會把控自己的情緒，這是走入職場後的第一門必修課。

7. 不要自視清高，多向老員工學習

或許你在學校裡是最優秀的那一類人，或許你面試的成績非常好，但是走進職場後，請將你的鋒芒畢露暫時收斂起來，安安分分做一段時間新人。

老員工一般在公司時間都不會很短，細心觀察他們的做事方式與處事方法，可以讓自己很快地融入公司。不要總是坐在那裡嘰嘰喳喳，一味地發表自己的「高見」。在老員工面前，虛心學習不會有錯。

8. 不要下班時間一到就「閃人」

一下班就「閃人」，你以為這還是大學的階梯教室？處理好當天手頭上的工作，做到「今日事今日畢」是最起碼的要求。你應該盡量與大批同事

一起下班，一方面能增加交流的機會，一方面也不至於使自己顯得過於「另類」。

若是你的老闆和頂頭上司還沒有下班，那你更不要過快地離開公司。公司支付你薪水，是希望看到你的工作成果，而不是規規矩矩地「坐班」。下班時間一到就匆忙跑路的新很難博得主管的信任。

9. 不要與同事過於親密，把握好適度的辦公室距離

辦公室是工作場地，切勿與同事喋喋不休地討論娛樂話題或是其他八卦。與同事和諧相處是必須的，但是並不是過於親密，甚至是零距離。

即便是與同性同事，也不要好到人家老公夜裡說的夢話你都一清二楚的地步。與同事保持適度的距離，是對別人的尊重，也是對自己的保護，「距離產生美」不是一句空話。辦公室的派系之爭，常常是因為有少數人關係走得太近才產生的。新人一定要遠離這種鬥爭漩渦。

10. 不要專攻阿諛奉承

雖然主管掌握著你加薪升職的決定權，但是作為初涉職場的新人來說，盡善盡美地做好分內的工作才是正道，工作業績才是你立足職場的根本保障。

與主管相處要注意距離的藝術，而不是一味地阿諛奉承、溜鬚拍馬。要知道，很多的時候，你的加薪、升遷之類的投票權也掌握在你的同事們手裡，不要讓自己變成讓大家嫌惡的勢利小人。

職場有壓力，學會減壓有益健康

有人說職場是高壓場所，身處其中的職場人每天承受著巨大的工作壓力，還得強顏歡笑，小心翼翼地處理著與上級、同事、客戶的關係。的確，壓力就像是職場人的「影子」，幾乎每時每刻都跟隨著他們。

長此以往，許多人就開始患上一種叫做「職場綜合症」的疾病，患上這種病的職場人，常常會感到心情煩躁，嚴重的還會精神分裂。

那麼，我們該如何讓自己釋放壓力，避免「職場綜合症」的出現呢？

有一種釋放壓力的方法叫做「發洩」，它會在每個人的身上本能地發揮著作用。人們在發洩過後，又可以精力充沛地投入工作。因此，作為職場人，尤其是職場新人，這種「發洩」本領一定要學會。

發洩管道之一：看卡通，玩絨毛娃娃、橡膠玩具

誰說看卡通片只是小孩子的專利？每個人都有童心，只是大人們的童心被深深地隱藏起來了。年輕可以裝扮，年齡可以忽略，看成人卡通片、逛成人玩具館如今已成為一種時尚。在一些專門為成年人設置的玩具館裡，許多職場人在這裡動手又動腦，愉快地消磨著工作之外的幸福時光。

發洩管道之二：出行、旅遊，最好是國外旅行

越來越胖的錢包和長短不一的假期，以及各大旅行社推出各種旅遊熱線，讓我們獲得了很多去國內外旅遊的機會。作為高壓又高薪的職場白領們，有條件也有必要到異國他鄉「瀟灑走一回」，釋放自己的壓力，放鬆自己的心情。歸來時帶回大把的照片，或是泰國人妖，或是澳洲風情，與家人、朋友、同事一起分享，其樂無窮。

發洩管道之三：熱舞

熱舞在職場之所以盛行，是因為熱舞的「勁爆」特徵符合年輕人獵奇、熱辣的心性。這種可以讓人盡情狂跳的音樂節拍，給了職場人無比的快感和強烈的刺激：鮮豔悅目的色彩，震耳欲聾的音樂，誇張豪放的舞姿……在這裡，你可以放下平時偽裝的矜持、莊重和含蓄，盡情地狂跳亂舞，揮汗如雨，讓全身的細胞都 high 起來！

發洩管道之四：極限運動

對於喜愛冒險的職場男女來說，征服極限、挑戰自我是一種極大的享受和滿足。攀岩、蹦極、登山、探險……一個又一個的極限運動就是他們表現自我、盡情釋放壓力的最佳場所。每到達一座山峰的頂點，那種超越極限的

自豪可以帶來難以言表的快感。極限運動，玩的就是心跳，爽的就是極限！要爽由自己，將所有的不快與壓力都拋到腦後吧。

發洩管道之五：擊劍、拳擊運動

好鬥是男人本性的流露，好鬥也是女人野性的體現。既想狂野一下，又不能逾越社會規範，擊劍館和拳擊館就給都市中的職場男女們提供了一個施展拳腳的絕好空間。通過重力訓練，擁有像體育明星那樣的體魄和身手，既可以圓我們年少時的夢想，又可以像勇士一樣盡情發洩自己的不滿，將對手當做工作中那個討厭的上司，狠狠地教訓一通。

發洩方法之六：咖啡館、茶樓

職場男女從不會放棄對高品位的追求，即使不懂，也要用他人營造的品位來抬高自己的身價。如雨後春筍般出現在大街小巷的咖啡館和茶樓正好滿足了職場人的這種虛榮。或是呼朋喚友，或是一人獨酌，可以海闊天空地狂侃神聊，也可以寂靜無聲地享受孤獨。或豪華或個性的裝飾風格，讓職場人在這裡既能品嘗到高品質的咖啡或茶文化，又可以滿足視覺上的感官享受，將職場中的鬱悶和糾結全部拋到九霄雲外。

發洩方法之七：☒ 上小酒吧

上小酒吧是現代職場男女熱愛的時尚之一，而那些既新奇有趣，又可讓人親自動手的特色酒吧就更令人心動。從最初的陶吧、布吧，到現在的印染吧、玻璃吧……乃至把整個小型啤酒廠都搬進酒吧，讓顧客親自參與並享受每一杯鮮釀啤酒的製造過程。每一位來到這裡的客人，都會被帶進了一個新奇的世界，享受自己動手創造藝術或製造產品的快樂。

發洩方法之八：溜冰，享受冷的刺激

想過在炎熱的夏天溜冰嗎？想過逆著季節享受時光嗎？溜冰場為喜歡享受「反季節」生活的職場男女提供了一個更加刺激的場所。這種室內溜冰房不受氣候變化的影響，也不受時間的限制，全年開放，全天候營業。想減壓，想發洩，想找 happy 的職場人，趕快行動起來吧。

職場人發洩的管道有很多。無論何種發洩手段，都是為了減壓，讓職場人不至於在過高、過多的壓力面前因為神經繃得太緊而垮掉，而「犧牲」。

第七章 換個舞台跳舞，君子「跳槽」有道

看看自己是否具有跳槽的資本

當在一個地方工作得久了，如果希望有更大的發展空間，想獲得更高的薪資收入，那麼，到底是要在原地繼續等待，還是搭上「開往春天的捷運」呢？很多職場人都為這個問題感到煩惱。然而為什麼要跳，又往哪裡跳，該怎樣跳槽，都是需要仔細思量的問題。

其中很重要的一點，就是你要仔細想清楚，如果選擇了跳槽，自己有沒有足夠的資本與能力？你跳槽的理由是否成立？這樣的理由能不能說服自己，能不能對你未來的職場發展有所幫助？

人往高處走，水往低處流。為了更高的薪水跳槽也是正當理由之一。如果你的薪酬長期明顯低於你對公司所做出的貢獻，而你的公司卻又沒意向提升你的薪酬，那麼你完全可以選擇跳槽。

儘管可以透過跳槽來提升你的職位與薪水，但是這種提升也不是所有跳槽客都能獲得的。跳槽前，先看看自己是否具有跳槽的資本吧！

資本分很多種，有看得見摸得著的，比如你的學歷、證書，也有看不見摸不著的，比如你的工作作風及你的個人能力。下面我們來分析一下你的這些軟硬體設施，到底是否適合跳槽。

1. 學歷和學位

薪資水準一般隨著勞工個人學歷的增長而增多。調查發現，勞工每多接受一年的教育，他的平均年薪就會增加 8.3%（其中 MBA 更高），具有較高教育背景和較強工作能力的勞工，常常會獲得薪酬比較優厚的職位。

跳槽客，你的學歷有多高？

2. 積累的經驗

隨著勞工工作年齡和工作經驗的增長，薪資水準也會相應遞增。也就是說，勞工的薪酬與自己的工作經驗成「正相關」的關係，積累的工作經驗越多、在職時間越長的勞工，所能獲得的薪酬也就越高。這也是為什麼許多資深人力資源專家都會建議勞工不要頻繁跳槽的主要原因之一。

另外，當你在某個職位上積累了相當多的工作經驗之後，如果跳槽的時候是跨行就業，一切都要從頭開始，這對於個人的職業發展十分不利。

3. 勞工的年齡

隨著社會日新月異的發展，英語、電腦已經成為個人謀生的基本工具而不再是勞動技能。勞工若能掌握比較多的新知識，具備較強的知識更新能力，不故步自封，才能在激烈的人才競爭中佔據有利地位。當然，這種積累需要時間。

有的職位適合年輕人去做，比如軟體發展，有的職位適合資深的職場老手去做，比如財會類。在跳槽之前，要看一看自己的年齡是不是還允許自己去折騰，這是一個無法改變的硬性約束。

4. 甄選行業的能力

一項專門針對城市白領年薪的調查資料顯示，收入最高的是電腦行業、律師、會計師、教育、文化、醫療行業等，這個資料顯示了當前「吸金力」最強的幾種行業，跳槽客可以經常關注這些資料，做好資訊調查，再決定是否跳槽。

5. 外語水準

儘管現在社會上對外語等級考試存在著諸多質疑，但實際情況是，在職場中外語水準無疑是增薪加碼的一大「法寶」。調查顯示，從業者的外語能力越高，其個人薪資的競爭力也就越強。

當然，我們所說的外語並不全指英語，也包括很多小語種。

外語能力嫻熟的勞工平均年薪比外語水準一般的勞工平均年薪大約高出15000 元左右。而且，這兩種勞工薪資的漲幅也不一樣。跳槽之前，請捫心自問，自己擁有幾張外語等級證書，這些證書的含金量如何？

6. 個人綜合能力

高學歷並不一定等於高收入，擁有名校畢業證書的勞工並不一定就比普通學校畢業的勞工的薪資高。勞工的薪資多少主要取決於他的個人業績，而個人業績是由多方面能力共同決定的，比如社交溝通能力、專業技術能力、團隊協作能力、為人處事能力等。你的各種能力到底如何呢？

除此之外，勞工還要有競技精神與不斷學習、刷新自我的基本素養。

跳槽雖然不犯法也不用交稅，但是準備起跳之前，一定要對自己有一個全面、客觀、清晰的瞭解，然後再有的放矢地「對症下藥」，爭取一跳一個準，保證跳槽的成功率。當然了，如果你的個人資本非常雄厚，你的現任老闆也不會捨得讓你就這樣跳走，而是會挖空心思地留住你。

新人頻繁跳槽是對自己不負責

剛走上職場的新人在工作的第一年中就多次跳槽，這已經成為一種通病。其實，這只能表明職場新人們對於自己的職業發展並沒有做出科學細緻的長遠規劃，才會隨著自己的性子頻繁跳槽。

有調查資料顯示，當被問及跳槽的原因時，絕大部分職場新人都這樣表示——「薪水太低，無法滿足基本生活需要」。促使職場新人頻繁跳槽第二位的原因是「沒有發展空間」。有很多職場新人表示，「眼下的這份工作只是職業生涯的一個跳板」。在回答「當前這份工作是你的第幾份工作」這個問題時，60% 的職場新人表示已有跳槽經歷，其中 80% 的人不到半年就換掉了第一份工作。

沒有哪家企業願意做職場新人的「跳板」，對於懷揣著這種心態來工作的員工，都不會有好感。而初涉職場就頻頻跳槽，對於新人自身的職場品牌建設與能力培養，也是非常不利的。

小陳大學畢業之後，憑著優異的成績順利進入一所中學任教，這份工作收入不低而且穩定，更有大把的假期，小陳的好運氣很是令人羨慕。工作一段時間後，小陳參加了一次同學聚會，回來之後馬上就遞交了辭職申請。原來，在同學聚會上他看見其他同學在外資企業都混得很「風光」，心裡極度不平衡，所以迅雷不及掩耳地跳槽去了一家外企。

來到這家外企之後，小陳才發現「時間長、工作重」，加班是常有的事，而以前在學校有的各種假期在這家公司根本就是奢望了。小陳忍受不了這種工作環境，加上收入也不穩定，於是決定繼續跳槽……

職場新人「中途跑路」並不少見，原因有很多。一方面新人的思維比較活躍，總是在尋找機會；另一方面也迫於經濟壓力，總想著「人往高處走」。企業十分反感「中途跑路」員工，員工跳槽不僅會讓企業的正常工作流程受到干擾，而且還要為此支出額外的招聘費用和訓練成本。履歷上有太多跳槽經歷的職場人，都會給用人單位這樣一個印象：眼高手低、耐不住寂寞。很多企業都會質疑頻繁跳槽者的忠誠度和職業精神，這對於以後的求職十分不利。

頻繁跳槽其實也是對自己職業生涯的極端不負責，所謂「先就業再擇業」。在初涉職場的時候，首要的是積累工作經驗，對於社會通行的職場模式有個大致的瞭解，並不斷地為自己的職業能力增加籌碼。對自己的職業生涯有了具體的規劃和方向之後，再有針對性地挑、擇、跳。

「騎驢找馬」未嘗不可，但在短時間內頻繁地換工作，從長遠來看，並不是什麼好事。工作經驗不斷歸零、重新開始，很不利於自身的職業發展。凡事都要講究謀劃，跳槽更是要講究攻略。方式和方法都對了，才能跳得高、跳得準！

對於職場人來說，每一次跳槽都是一次抉擇，需要慎之又慎。決定跳槽之前一定要先捫心自問：我為何要跳槽？我有什麼資本跳槽？我要如何去跳槽？

第一個問題是要跳槽者整理出自己不滿意當前這份工作的原因；

第二個問題是要跳槽者理清楚自己的優勢與職業能力，只有清楚了自己的特長與技能，下一份工作才能有的放矢，才能真正找到用武之地；

第三個問題是要跳槽者研究一下換工作的策略。如果在企業工作了一段時間之後，你的做事能力和工作方式還沒有得到很好的歷練和提高，那麼，你該慎重對待這次跳槽了。

高明做了一年的汽車業務，因為不善言辭，所以業績平平。雖然公司並沒有要辭退他的意思，但他經過慎重考慮決定辭職。

高明是個踏實忠厚的人，他仔細分析了自己的各方面條件，從專業知識到性格特徵，他都覺得自己適合做技術工作。他在大學所學的專業是電腦軟體開發，畢業找工作的時候因為就業競爭激烈，所以才選擇了做汽車業務員。

高明辭職以後，去了一家科技公司應聘程式設計師，很順利地被錄用了。換了新工作之後的高明，工作起來得心應手，每天心情也很愉快，加上他又很勤奮努力，很快就受到了老闆的器重，薪水也隨之大幅度提高。

職場人不僅要「知己」，還應該「知彼」。跳槽之前一定要對自己期望的新工作做一番調查瞭解，「知己知彼」，方能「百戰不殆」，萬不可盲目跳槽。人力資源專家認為，「頻繁跳槽不利於職業生涯的發展，在年輕時可以多跳幾次，但在跳過三次以後要極其小心，特別是隨著工作時間的增加，職業軌跡將越來越穩定。」高明是在仔細考慮自身條件與新工作之間的切合點之後，才決定跳槽。他也因此得到了一份適合自己個人發展的新工作，這與他的務實精神和良好心態是密不可分的。

職場風向千變萬化，對於專業技能的要求也是高而又高，這就是為什麼職場人要不斷學習充電不斷提高自己的重要原因。對於初涉職場的人，不管對目前的工作有多麼的不喜歡或者是與你的專業多麼的「格格不入」，都要靜下心來堅持做一年甚至兩年的時間。

在這段時間裡，你會漸漸發現自己原來的感覺和判斷是錯誤的。經過一段時間的歷練，你也許會發現自己具有從事這份工作的巨大潛力，完全有可能將這份工作做得風生水起。當然，如果你工作一年或兩年之後，仍然覺得自己不適合這份工作，那麼，跳槽就成了你唯一的正確選擇。

我們需要提醒職場新人：跳槽事小，損害自己的職業發展與職場的個人品牌事大，跳槽千萬要謹慎。有四到五年工作經驗的職場人，在跳槽時需要明確自己的職業目標和方向。若是對未來沒有明確的目標，對自己的職業生涯沒有系統的規劃，只是因為對工作厭倦或是不滿意目前的薪水和複雜的人際關係，就衝動地選擇跳槽，則很可能出現「才出虎口又入狼窩」的尷尬境地。對於各方面能力都很強的中高級人才來說，建議不要輕易跳槽。

還在用這樣的跳槽方式？你 out 了

正確的跳槽將帶領職場人進入職業發展的快車道；而錯誤的跳槽，則會使跳槽者誤入歧途，從而嚴重影響到以後的職業發展。然而，哪一個職場人沒有經歷過一兩次的跳槽呢？你跳槽的姿勢漂亮嗎？你跳槽的方式 out 嗎？

Out 跳槽第一種：跨行業、跨職位跳槽

雖然說跳槽是職場常態，但是作為一個有遠見的職場人，一定要有正確的跳槽法則。上一份工作是做財務，現在在做行政，心裡又在籌畫著跳槽去做銷售，這種看起來極端無厘頭的做法，很有可能到最後會「一罐子不滿，半罐子晃當」，沒有可以拿得出手的一技之長，也沒有任何行業的豐富經驗。

足球皇帝貝肯鮑爾可以勝任足球場上的所有位置，但這樣的足球天才幾十年才能出現一個，而且他也只適合在足球場上表演。對於我們絕大多數普通人來說，還是要鑽研一項專業技能，直到成為那個領域的專家，才更有利於自身的發展。想跳就跳，但是一定不要輕易換行業。

Out 跳槽第二種：不重長遠發展，只往高薪而去

工作的目的是為了獲得薪水，誰都希望擁有高品質的生活。但是，薪水並不是工作的唯一目標。對於職場新人來說，個人的發展機會才是最重要的考量因素。當你面臨兩份工作選擇的時候，要對這兩份工作從薪資收入、企

業實力、個人發展機會等諸多方面來進行總體評估。薪水高的工作如果不能讓你獲得廣闊的發展空間，那就需要重新考慮。

個人的發展機會關係到未來薪酬的高低，不可輕慢。有的行業的保質期非常短，儘管當時的薪酬很高，但是除了鈔票，勞工並不能得到其他方面的提升。這與「提升職業技能」的原則是相悖的，職場新人千萬不要如此的「鼠目寸光」。選擇一個適合自身發展並具有良好發展前景的行業和職位，即便開始的時候薪水低一些也不要緊，因為隨著時間的推移，你將會獲得極大的個人發展空間，未來的高薪將是意料之中的。

Out 跳槽第三種：只因不滿目前的工作環境、人際關係，就衝動跳槽

職場人應該明白，有些問題是企業的通病，你離開了這家公司，去另一家公司，還是會遇到同樣的問題。有的人天真地以為，在這家公司與同事們的關係處理得不好，換個新公司作就可以獲得自己想要的人際關係了。其實不然，每家公司都有人緣好的員工，也有人緣不好的員工。處理不好人際關係，很多時候都是因為自身的原因。換個環境，另起鍋灶就能「別有洞天」嗎，這只能是自欺欺人。

聰明的職場人會努力尋找當前工作的問題所在，然後去著力改善，最大限度地拓展自己的職業生存空間。

除此之外，out 跳槽還有很多其他表現形式，比如因為不平衡的心態導致不滿當前的工作，或是因為比較心理，想要一份「既有面子也有裡子」的工作，所以「義無反顧」地辭去手頭做得挺好的工作，加入跳槽一族。

如果非跳不可，那也要摒棄那些 out 的形式，從頭開始再造你的職場人生。

首先，盡量避免同水準跳槽。職場人的價值是透過個人能力、背景資源、自身素養等各個方面來體現的。正確的跳槽應該是這樣的：新工作可以更好地展示自身的職業價值，並且能使自身職業價值「保值、增值」。如果新工作與原工作水準相當，無法使你的職業技能獲得本質的提升，這樣的跳槽就沒有意義。

其次，要把握好每次跳槽的間隔時間。試想一下，如果你是企業的招聘人員，看到求職者的履歷上面羅列的每一次工作時間都不超過兩個月，你會錄用這個人嗎？答案一定是否定的。企業招聘人員無法相信這樣的員工會安心工作。而且，頻繁跳槽的職場人也很難具備某項超強的專業技能。既無法信賴他，又不能重用他，這樣的求職者誰會錄用呢？

稍微具備職場經驗的人都清楚，勞工至少要在一家企業工作兩到三年，才會累積起某一專業領域的相關經驗和技能，才會具有一定的職業競爭力。而且，在一家企業工作達到兩年以上，在填寫履歷的時候，只要把離職理由說得充分一些，很容易給企業的招聘人員留下比較好的職場印象。

在一家企業的工作業績達到「登峰造極」之後，為尋求更大的發展空間而跳槽，也是情理之中的事情。這樣的跳槽與「急流勇退」不同，在風光無限的時候離開這個平台，投向另一個更具實力的「東家」懷抱，能讓自己「更上一層樓」。另外，每個人都有惰性，在一家公司做的時間太久，會產生疲憊厭倦的情緒，從而逐漸喪失對工作的熱情。對於心懷夢想的職場人來說，在一個領域已經達到自己預想的高度後，為了保持自己的職業激情，需要換個新環境，來刺激自己新的工作熱情，這樣的跳槽大有裨益。

在原工作職位缺少發展空間時可以考慮跳槽，在自己的專業技能無法得到提升，自己的專業能力停滯不前的時候，更要考慮跳槽。只是，如果下定了跳槽的決心，就要早做準備，切不可在原工作職位上「磨嘰」。具備了一定職業競爭力的職場人，也需要具備一定的冒險精神。雖然我們不鼓勵你「騎驢找馬」，但是建議你看到「馬」的時候，要果斷地放棄「驢」。跳槽不僅僅是換一份工作那麼簡單，也是職業生涯的一個重要環節。在準備跳槽的這段時間裡，要對自己的職業目標進行再一次的深入分析和評估。

你還在用很老土的方式跳槽嗎？你不知道這些跳槽方式已經 out 了嗎？為了拋掉舊工作的包袱，輕裝投入新工作，職場人需要認真籌畫自己的「跳槽工程」，為自己以後的職業發展未雨綢繆。

十個信號知會你：你該跳槽了

薪資收入的多少、發展空間的大小、學習機會的有無，是衡量一份工作是否有價值的三個重要標準。如果你的收入與你的付出並不成正比，如果你在原公司已經看不到發展前途，如果你在現在的職位上學不到任何東西，說明你已經瀕臨職業枯竭期。如果你不及時改變現狀，等待你的將是職業前途的「黑洞」。

如果同時遇到以上兩種或三種情況，晚跳槽不如早跳槽。因為在「時間就是金錢，時間就是生命」的現代社會，你逃離「枯井」的時間越早，獲得理想職位的機會就會越大，事業成功的機率也會越高。此時，果斷跳槽，贏得自己希望的高薪和發展機遇，是你的當務之急。

具體來講，有十個信號可以告訴你：你該跳槽了。

1. 當公司面臨著經營的巨大困難時

公司的銷售額、利潤正在急速下降，客戶不斷流失，圍繞公司的關閉、倒閉、被收購的傳言充塞著公司的每個角落，你的同事、好友已開始在尋找新工作了。如果他們這樣做的話，你也應該考慮加入到這個隊伍之中。

2. 當你與上司的關係緊張到無法彌補時

不管是何種原因，不管是誰的過錯，一旦你與上司的關係有了裂縫，在經過彌補之後仍然於事無補，那麼，建議你跳槽吧。要知道，在公司裡掌管著你「生殺予奪」大權的自始至終都是你的上司，他是不能得罪的，無論什麼時候。

3. 當你的生活品質發生巨大變化時

買房、結婚、生孩子亦或是子女上學等原因，導致你目前的收入無法維持正常的生活水平，你的生活品質正在發生下降，那麼，如果此時你還有能力去尋求到一份薪酬更高的工作，不要再等待了，趕緊行動吧！

4. 當你的價值觀與公司文化格格不入時

當你一直以來擁有的個人價值觀與公司文化發生重大的衝突時，你會被你的老闆、上司、同事看成一個異類。缺乏對公司文化的認同，也無法讓你自願付出全部精力去努力工作，既然無法調動自己的工作熱情，不如跳槽。

5. 當你對手頭的工作喪失熱情時

如果你每天早晨醒來，不管是不是休息日，不管是不是已經快要遲到了，你都想在床上再多睡一會兒。其實，你並不是累了，而是因為——你已經厭倦了手頭這份工作，那麼，你該換一份新的工作了。

6. 當公司遭遇道德危機時

如果你發現你的老闆、上司或其他的主管，面對公司不斷出現的劣質產品、常常延誤的交貨期等各種不正常狀況，向客戶說謊或者乾脆視而不見，那麼，你可以跳槽了。你服務的公司正在從事不道德的商業活動，你應該在第一時間離開。明智的職場人不會把自己交給一個不道德的公司。

7. 當你被公司定位為「負面人物」時

你的上司、你周圍的同事好像與你「犯沖」一樣，怎麼看都不順眼，你的言行舉止在他們眼裡都是不對的。你在他們眼裡完全是一個「負面典型」，你是公司裡不折不扣的「麻煩人物」，那麼，趕緊跳槽吧，這個公司不適合你繼續工作了。

8. 當工作壓力大到你無法承受時

長時間、高強度的工作壓力會大大損害你的健康。如果你的工作壓力長期得不到緩解，已經嚴重影響了你的身心健康，並危及你的家庭，那麼，趕緊跳槽吧，以避免更嚴重的事件發生。

9. 當你的職業發展空間受阻時

如果你對自己的工作已熟悉到閉著眼睛都能做得分毫不差的程度，當前的工作對你已經完全沒有挑戰性，而你從身邊的主管、同事那裡也學不到可以令你感興趣的經驗與知識，如果你還有年齡上的優勢，那麼，趕緊跳槽吧，這裡已經不能滿足你的發展需要了。

10. 當你遭遇到巨大的外來推力時

如果你遇到新東家主動找上你，並呈上種種誘惑——你潛在的新東家給你提供職位上的升遷、非常大的薪酬漲幅、良好的職業發展前景和優越的工作環境，而且，新東家又恰好是你傾慕已久的名企。種種誘惑疊加在一起，這樣千載難逢的機會你要是不主動抓住，誰都會為你感到惋惜。此時，不妨大膽跳出去！

跳槽前後，你該做些啥

跳槽還是繼續留在這裡？每一個職場人在心裡萌生跳槽念頭時，都會有所顧慮。只要你頭腦清醒、分析全面，不難找到答案。不過，跳槽前後有十件事是你必須要做的。

跳槽之前，職場人必須要做以下五件事。

1. 你首先要搞清楚的幾個問題

面對自己可能接手的新職位，應徵時必須問清楚：這個位置空缺的原因是什麼？是原來的人升遷、調動等正常原因，還是績效不佳、人際失和、能力不足等負面原因？如果是負面原因，那你就要小心了：業績不佳短時間能不能得到改善？人際不和是因為員工的個性，還是因為職位設計的不合理？能力不足是老闆期望太高，還是沒有下放權利或缺乏資源？

從問答之間的蛛絲馬跡，就可以判斷這個職位與自己的個性、能力是否相符。

一定要花點時間去打聽真實情況，探詢物件從獵頭公司、普通員工到上下游合作商，他們都是資訊的可靠來源。

2. 老闆對你的期望

當你知道職位空缺的原因後，下一步便要搞清楚老闆對這個職位的期待，而且最好是「白紙黑字」。有的老闆喜歡勾畫一些虛無縹緲的遠景，開許多空頭支票，等到你上任後才發覺上當受騙；也有的老闆對你的角色有太多不切實際的期待，沒有把遊戲規則講清楚。在詢問當中，應逐一問清公司的經營目標與存在的問題，並適度提出你可能採取的解決之道。

3. 企業制度和文化

要弄清楚跳槽對象的管理制度和企業文化，是充分授權，還是高度集權？是家族式管理，還是專業人士打理？一旦弄清了新公司的管理風格，你得捫心自問，「我的彈性夠大嗎？能不能在那樣的氣氛下，充分發揮所長」？否則過度樂觀，草率赴任，最終可能落得水土不服、白忙一場。

企業文化中有些看似小事，卻會嚴重影響你的工作情緒。加班頻率太高、上班打卡「分秒必爭」、辦公室不禁煙、開會時老闆帶頭吞雲吐霧、經常外出應酬、出入聲色場所、老闆在企業大談宗教信仰、鼓勵員工信教……如果你對這些事情特別在意，那麼，請你一定要一一瞭解清楚。

4. 薪資報酬

薪資背後代表的是「個人價值」，到底你的價值有多少，市場行情如何，雇傭方的底線在哪裡，這些都是你必須瞭解的內容。如果自己沒有很好的談判技巧，或是想爭取更高的薪資收入，不妨透過中間人或獵頭公司代為打理。

5. 相關主管的管理風格

很多中高層主管跳槽時，只與自己的直接上司或人力資源負責人進行過溝通，對同級別的主管完全不瞭解。在以後的跨部門合作中，常常會因為缺乏必要的瞭解，或者個性衝突，影響到工作的正常開展。有的只跟董事長談過，這些負責決策的大老闆，對於企業未來發展多半充滿理想色彩，十分容易「感召」人才。等到上任後，卻發現真正承擔執行重責的總經理，才是決定自己未來命運的關鍵人物。

以上是跳槽之前必須要做的五件事。做完這五件事情，如果你對新公司感到滿意的話，說明你已經為實現從「外人」到「自己人」的跨越奠定了基礎。

接下來，是你加入新公司後要做的事情，這些同樣重要。加入一個新團隊，你這個阻礙舊有人馬升遷的「外人」即使出自名門，懷有十八般武藝，也不一定能安然「存活」。所以，你要踏踏實實地做好以下五件事：

1. 快速瞭解公司與團隊

到任後，要盡快進入工作狀態。因為在公司所有同事看來，「你已經佔據了這個位領了一天薪水，沒理由說你才剛來！」你不妨將關注的焦點分為大、中、小三塊。

「大」的是瞭解整個行業現狀與發展趨勢，「中」指的是公司的戰略定位與發展目標，「小」指的是團隊的運作模式。上任之初，比較好的做法是，利用下班時間，把所有的資料都找出來仔細查看，包括過去做了哪些決策，連續幾年的營收情況，還有人員構成、績效考核等。瞭解越透徹，越容易思考下一步的工作與人事安排，避免重蹈前任的覆轍。

2. 主動廣結善緣

對於新進的員工，有人給予厚望，也有人冷眼旁觀。第一時間來支援你的不會超過兩成，因為大部分的人都在觀望。因此，不妨先向與自己業務相關的同事開口，向他們求教，並建立起溝通的模式，包括工作目標、任務以及達成的步驟、方法，找到團隊的共識。

另外，要積極參加公司組織或員工發起的各種活動。因為離開辦公室，同事之間可以減少很多拘束，你可以藉此機會，與他們增加相互瞭解，增進私人感情。

3. 避免誤踩公司的禁忌地雷

「辦公室政治」是新加入者最易誤踩的地雷。關於「消息」之說，有時只是謠傳，若是察覺到一些微妙的跡象，要記得千萬別捲入其中。因為要在工作上求得「長治久安」，靠的是個人實力，而非某某派系相挺。一旦你肆無忌憚地向某一方靠攏，被貼上標籤後，在兩方人馬拉扯之下，你很可能就會成為炮灰。

4. 訂立標杆，建立戰功

對於一個新面孔，想在最短的時間內站穩腳跟，就必須迅速贏得大家的信任。立下「標杆」與「戰功」常常是取得「話語權」的關鍵。

對於資深人士來說，初來乍到，要贏得老闆的信任，必須盡快制定出半年或一年的工作計畫，訂出時間標杆。當你提出後，老闆會告訴你哪些沒問題，哪些需要修改，除了達到溝通的目的，還能讓老闆清楚你未來會有哪些貢獻。

若你只是不斷宣揚自己以前的「戰功」，表現卻跟前任沒兩樣，甚至更差，很快就會被「打入冷宮」。你必須快速在新公司建功立業，用業績為自己說話。這樣，你才能贏得老闆的信任和同事們的尊敬。

5. 先做小修正，再求大改革

「新官上任三把火」是開創新氣象的慣用手法，但也會帶來強烈的副作用。由於老闆對你仍缺乏信任，改革太過急切，等於是向舊有勢力的全面挑戰，阻力之大不言而喻。老闆請你來，不是讓你在他辛苦建立起來的王國裡「火燒赤壁」，弄成一片焦土後閃人。即便要進行改革，也要在傾聽員工心聲、充分瞭解問題後，與老闆取得共識，採取循序漸進的方式。在磨合期間，制訂一個長期的改革計畫，你才能獲得最大的支持與資源。

當雞頭還是鳳尾，這是個問題

很多職場人都會遇到這樣一個難題，即同時面對兩個或兩個以上的機會，到底是選擇到小一點的單位做「雞頭」，還是選擇大一點的單位做「鳳尾」？

這的確是個問題。

一部分人的觀點是「寧做雞頭，不做鳳尾」。認為做人就應當做一個風光無限的「頭」，哪怕是「雞頭」，起碼可以最大化地實現自己的人生價值，不會庸碌一生。而另一部分人的觀點正好相反，認為「寧做鳳尾，不做雞頭」。「鳳尾」雖然不如「雞頭」搶眼，但在一個高手林立的環境裡，即使暫時落後，畢竟前景光明。這個問題，孰是孰非，還要看實際情況而定。

1. 正確評估自身的能力和條件，慎重選擇。「雞頭」雖小，可並不是誰都能當的。

孫先生大學畢業後進入一家中外合資的大型外貿公司。他憑著自己的能力和勤奮，一步一步晉升到部門經理的位置。雖然表面上看起來很風光，但在人才濟濟的公司內部，他並不起眼。

後來有一家公司看中了孫先生，想高薪聘請他當總經理。他頓時猶豫了，擔心自己的能力不能勝任那麼高的職位。不過他轉念一想，這也許是一個很好的機會，畢竟總經理的職位還是很誘人的。放著這麼好的「雞頭」不當，何必給別人當一輩子的「鳳尾」，屈居下呢。雖說以前沒幹過這麼高的職位，但自己畢竟在大型企業有過類似的工作經驗，況且一步一步來，可以在工作中加強學習，適時地提升自己的工作能力。於是，孫先生接受了這家公司的聘請，出任總經理。

然而，事情並非是他想得那麼簡單。孫先生來到新公司沒到兩年就遇到了危機。雖然他很賣力地工作，但公司的業績就是不見起色，在激烈的市場競爭中，逐漸被擠到了懸崖的邊緣。面對如此窘境，老闆只好解聘了他。「雞頭」生涯就此宣告結束，孫先生慘澹敗北。

在上任之前，孫先生錯誤地估計了自己的能力，只是想當然地認為自己雖然沒有幹過總經理，但憑著自己的經驗和能力，再加上勤奮和努力，可以邊幹邊學。抱著這樣的僥倖心理，豈有不敗之理呢！

2. 敢於選擇，「鳳尾」不好做，主動出擊，「雞頭」也能實現自己的價值齊霏在一家外企謀得了一份業務員的工作，公司環境和軟硬體都讓她覺得十分滿意，國際化的工作理念更讓她覺得只有在這裡才能實現自己的人生價值。然而，在高手如林的公司內部，齊霏只能算是一個毫不起眼的「鳳尾」。快節奏的工作方式，讓她每天都疲於奔命。雖然在朋友面前賺來不少羨慕的眼光，但其中的苦累只有她心裡清楚。作為一個新人，年齡、專業、外語水準都不具備優勢，出國訓練的機會根本輪不到她，每天都被別人呼來喚去，疲憊不堪。自卑和自責時時壓迫著她。

一個偶然的機會，齊霏發現了一家小型的民營公司招聘業務代表。於是她抱著試試看的想法前去應聘。結果招聘人員一見到她這個從「大廟」裡來的「大佛」，立刻決定聘用。霏一下子找到了久違的成就感，信心十足地加入新公司工作。

齊霏以前見過不少大場面，應對現在公司的客戶，自然綽綽有餘。而她的那點專業知識和外語水準在這裡也得到了空前的發揮。不久，齊霏就被提升為業務部經理，第一次擁有了自己的辦公室和祕書，每天都精神百倍，神清氣爽。從「鳳尾」到「雞頭」，她找到了更適合自己的位置。

在高手如林的大公司，要想出人頭地十分不易。儘管如此，擁有大企業的工作經歷，還是會為你添色不少。齊霏正是靠著這個優勢，才在後來的應聘中輕鬆上位。對於職場新人來說，如果可能的話，還是要先到大公司做「鳳尾」，然後再擇機做「雞頭」。

3. 不管是「雞頭」還是「鳳尾」，適合自己就好

王立研究所畢業後到了一家企業做總經理助理，他靈活的頭腦和踏實的作風深得老闆賞識。沒過幾年，他就升到了副總經理的位置。少年得志，人人都對他交口稱讚。然而，無限風光的背後，他卻有一肚子難言的苦水。

由於身處要職，每天公司的大小事情都要由他親自過問。員工生活有問題，要找他彙報；流動資金出現短缺，他要去解決；銷售業績發生崩跌，他要想法扭轉，因為他得向老闆負責。為了保住這個來之不易的職位，王立每天都在拚命工作，加班加點成了生活常態。漸漸地，身心疲憊的王立終於明

白了，自己這麼拚命工作，無非還是給老闆打工，雖然能得到比較高的薪水，但卻是以透支自己的健康為代價的。

想明白之後，王立毅然辭去了副總經理的職位，下海經商，自己當起了老闆。透過不懈努力，幾年下來，王立取得了十分不錯的業績。雖然也很累，但是很開心。畢竟是自己的事業，和給別人打工性質截然不同，即使再苦再累，心裡也無怨無悔。人各有志，只要能做自己喜歡的事情，相信自己的能力，肯定會有所成就的。

其實，在選擇做「雞頭」還是「鳳尾」的問題之前，你首先要問清楚自己3個問題：我想做什麼？我能做什麼？我適合做什麼？對自己要有一個清晰的認識。看看這項工作或這個職位是不是真的適合自己，然後再下結論。人貴有自知之明，明明沒有能力完成的事情，卻為了優厚的待遇，硬著頭皮去做，結局肯定是以失敗而告終。所以，在做出最後選擇之前，一定要正確評估自己。

在無比激烈的市場競爭中，每個企業、每個人都應該有自己的核心競爭力，這種競爭力是保證你在大浪淘沙的競爭中得以生存的保證。提高核心競爭力是時代潮流，追求利益最大化始終是硬道理，畢竟，在殘酷的市場規則面前，生存才是第一要務。而所謂的「雞頭」和「鳳尾」的觀念應該淡化了，還是那句話：適合自己的才是最好的。

辭職後保持人脈的四個妙招

辭職了，原來的同事與主管會怎樣對待你？是典型的「人走茶涼」，還是依舊與你保持聯繫？要知道，人脈是一個人獲得事業成功的重要資源。那麼，如何在辭職後還能保持住人脈呢？

張麗是個很有上進心的女孩，大學畢業後在一家通訊公司做後勤職員。在平時的工作中，她與同事、主管的關係都相處得不錯，一直保持著恰到好處的合適距離。後勤職員與前線銷售之間的「放水」事情她從不參與，也絕不多說一句閒話。有空的時候，她就看看資料，鑽研鑽研業務，提高自己的專業技能。主管和同事們對她都很信任。

兩年後，張麗向公司遞交了辭職申請，行政主管與人事主管都竭力挽留她。她微笑著告訴他們：「謝謝主管的挽留，只是我要去念書，進修結束後仍願意回到公司來工作。」離開公司前一天，大家一起湊錢請張麗吃最後一頓「離別」飯。席間同事們都對張麗說：「離公司後不要斷了聯繫，有時間就回來看看大家。」

張麗與同事們一一舉杯話別。第二天，她就踏上了求學的列車。離職以後，她與原來的主管和同事一直保持聯繫。由於走得比較匆忙，張麗後來有些手續需要補辦，也都是同事幫她代辦的。

很多人辭職的時候，與單位變成了冤家，不僅離職交接工作沒有做好，甚至與同事、主管結下一肚子的仇怨。這樣的結果多半是辭職者的方式方法不對，而上述案例中張麗的做法很值得借鑑。

1. 走得完美漂亮些，遠離職業信用汙點

幾乎所有的公司都規定，離職者至少要提前一個月通知公司，這是為了對工作交接做出適當的安排。若是員工一聲不響就走人，會給公司帶來很多麻煩，影響到工作的正常進行。因此，離職時的工作交接必須要做好，這樣也會給公司留下一個好印象：你是個負責任的人。在同事接手你工作的時候，一定要認真配合。不要覺得自己馬上就要離開這家公司了，無論怎樣積極表現都是無用功。這樣的想法是對自己的職業生涯不負責的表現。漂亮離職也是離開，灰溜溜地離職也是離開，為何就不能走得更完美些呢？

辭職前先寫一份正式的辭職報告，並且根據實際情況提前知會公司相關負責人，在報告中委婉地說明自己離職的理由，如求學原因、家庭原因、健康原因或是另謀高就等。這樣的辭職報告通常會得到主管的理解，甚至尊重。

那些「不辭而別」或者沒有完成工作交接就離開的人，常常會被視為沒有職業信用。不要以為再找一家新單位，一切都可以從頭開始。其實不然，有「職業信用汙點」的人，常常會被用人單位列入「黑名單」。

2. 最後一天都要做好

馬上就要離職了，是不是就代表可以懈怠工作了呢？ NO ！優秀的職場人是不會馬虎對待離職前的工作的！那些認為就要離開公司了，可以隨性而為的想法是萬萬要不得的。隨意傳播小道消息，散布閒言碎語，將以往辦公室裡的「陳芝麻爛穀子」都翻出來，打同事的小報告，挑撥離間、無中生有的事情切切不可做。否則，你在這家公司營造出的形象就會毀於一旦。

不論你在以前的工作中創造了多少業績與輝煌，臨走的時候都不要「擺資格、耍大牌」。有句諺語說：「人不能躺在功勞簿上過一生」，更不要說你即將離開這裡了。在離職前的最後一天，比以前更用心地做事吧。維護好自己良好的職場形象，做到身正影直、善始善終。離職後與原來的主管和同事們的關係也不會太尷尬。

3. 盡量幫助、提攜新人

作為公司的老員工，當然積累了不少的工作經驗和管理心得。將這些訣竅傳授給公司後來的新人吧，讓他們順利地融入公司，更好更快地做出業績。如果你這樣做了，那些得到你幫助的人也會在日後回過頭來幫助你。

老徐是一家大公司的業務主管，因為朋友開公司需要人手，他不得不辭掉現在的工作去幫助朋友創業。按照公司的規定，他提前兩個月遞交了辭呈。沒過幾天，公司新進了一批業務，老徐在認真交接自己的工作的同時，耐心細緻地向新人們傳授講解了很多銷售方法，悉心地指導他們熟悉業務流程。對於接受能力比較差的業務員，他還利於午餐時間手把手地傳授給他們一些銷售技巧。

老徐後來離開的時候，很多受過他指導的新人都來送他。過了兩年，當老徐朋友的公司壯大起來的時候，與那些已經成長起來的銷售員常有業務聯繫，他們給予了老徐很大的幫助。在自己的時間允許的情況下，盡可能地去幫助同事、新人，雖然效果不會立竿見影，但是你可能會在將來得到驚喜。

4. 與前主管、同事、客戶不間斷聯繫

人脈就是資源，人脈就是財富。一定不要荒廢你用很多的時間才累積下的人脈。辭職後，與以前的主管、同事、客戶都要保持聯繫，可以發郵件、打電話，也可以不定期地登門造訪，當然一定要提前預約。

若是一走了之，與原來的主管、同事不再聯繫，那麼，當離職手續出現問題的時候，就只能自己趕回去辦理，這樣無疑十分「勞民傷財」，還要花費往返的時間和交通費。而若與前同事的關係處理得很好，所以這些瑣事就可以請他們代勞。

每一份工作都有一批不同的主管、同事和客戶，這就是公司的工作圈子。離職只是離開了公司這個小圈子，並不會離開職場這個大圈子。只要還在職場上「混」，就離不開人脈源。所以，與前公司的主管、同事、客戶盡量保持聯繫吧，他們常常會在你需要的時候給你帶來幫助！

精打細算，安度職場「斷奶期」

好不容易從校園走上職場，煞費了種種心力才找到一份工作，但是目前的這份工作，無論是薪資收入還是個人發展空間，都不能令你滿意。於是，跳槽成了唯一選擇。

在辭掉舊工作、找尋新工作的這段時間，也就是職場「斷奶期」裡，你沒有了收入，該如何安排自己的生活，才能安然度過這個「要命」的時期呢？

小美剛畢業的時候，正好趕上求職高峰期，工作十分難找。她好不容易進了一家科技公司做櫃台接待，在這個職位上兢兢業業地做了一年。一天，小美突然向公司遞交了辭呈，人事主管很是訝異，於是找小美談話，想搞清楚工作做得好好的小美為什麼會突然辭職。

小美推心置腹地和主管談了很久。她告訴主管，自己的專業是美工設計，當時來做櫃台接待是因為對口的工作不好找，而她的形象與氣質還不錯，所以加入了現在的公司。她很誠懇地說道，櫃台接待的工作並沒有多少技術含量，她已經很用心地做了一年，很感謝公司對她的培養與照顧。但是，她想換一份美工的工作，使自己的專業不至於荒廢。

人事主管看到小美去意已決，也就同意了她的辭職申請。

小美拿到薪資後，將以前的積蓄全部取了出來，自己做了一個預算：除了兩個月的房租、生活費、交通費、通訊費等開支外，她準備用剩下的錢報一個訓練班。因為美工設計這個專業的知識更新非常快，她需要充電，以提高自己的職業技能。這樣可以幫助她「快、狠、準」地找到下一份工作。

小美已經工作一年了，不可能再向父母開口要錢，她必須對手裡的錢做一個合理的安排。只有精打細算，她才能安然度過這段「收入空白期」的生活。

很多跳槽客都是因為薪水太低才決定離開原來的單位，本就收入不多，離職後又將有一段「零收入」的灰暗時期，如何安排自己的生活，並盡快找到下一份工作就變得尤為重要。

1. 調整心態，正確面對「斷奶期」

不管是自己離職還是被公司辭退的職場人，當朝九晚五的規律生活突然被打斷的時候，總會有些不適應。本應該開早會的時間，現在只能待在家裡，失落感是不可避免的。

對於身處「斷奶期」的職場人來說，這個階段是十分痛苦的，但是千萬不能沉溺其中。跳槽客一定要清楚，眼下最迫切的事情就是迅速調整好自己的心態。現代社會的節奏太快，而職場的變化就更快，一味地沉溺於離職後的失落裡，有百害而無一利。

小美離職後立刻對自己的生活進行了一番規劃，首先便是到補習班進修，她並沒有給自己一丁點的時間去懈怠，而是一秒鐘都不停留地將自己推上了進修的快車道。這樣一來，每天繁忙的學習和尋找工作就充實了小美的生活，心態和精神面貌都煥然一新。

2. 提升自己，規劃職場人生

職場人離職的原因很多，除了對薪水感到不滿外，還有可能是你的專業技能已經不適合那份工作了，或是你的職業能力已經遠遠超過了原來工作所能提供給你的平台，你想「更上一層樓」。

無論你的職業技能是落後的還是超前的，在離職後的這段時間裡，都要有針對性地進行自我提升，社會上的各種訓練班很多，而網路上的遠端教育更是海量。在現在這個資訊爆炸的時代，你一定不能讓自己落後。要知道，落後就要挨打，落後就會在找工作的時候失去競爭力。

在提升自己的同時，要對自己的職業發展規劃進行再一次的審視。經過上一份工作的歷練，相信你對自己的興趣愛好和擅長的領域都有了比較清晰的瞭解，「斷奶期」裡所要做的就是將這些具體化、細緻化，從而使自己對未來的職業目標有更清晰的瞭解和認識，對於今後從事哪個行業，做什麼性質的工作都要做到心中有數。

只有這樣，找工作的時候才不會盲目，才能又快又準地找到自己喜歡的工作。

3. 積極尋找新工作，擇優慎選

現代社會，找工作的管道非常多，人力資源市場、現場就業博覽會、網路招聘、報紙招聘、熟人介紹等各種方式，都可以利用。處於「斷奶期」的職場人，更要眼觀六路耳聽八方，最大限度地捕捉各種招聘資訊。

有一點必須提醒跳槽客，要時刻記住自己為什麼跳槽、想找一份什麼樣的工作、想要一個什麼樣的未來。在尋找工作的時候，一定要擇優並且要慎選。不能只看著某公司的薪水高就選擇它，若是到任之後又遭遇之前同樣的問題，跳槽煩惱又要重新開始。

雖然跳槽不是單行道，但是從職業生涯的長遠考慮，還是不要頻繁跳槽為好，而杜絕「頻繁跳槽」的好方法之一就是：找工作要擇優慎選。

無論是職場新手還是經驗老到的跳槽客，在職場「斷奶期」的時候都要精打細算，合理安排——並不僅僅是在金錢的使用上，更要注重對自己未來的規劃。科學合理的規劃成就職場精英，而大而化之的處理方式則會阻礙你的職業發展。

跳槽中的四大「雷區」，切勿踏入

小王是一家大型 IT 公司的技術人員，他在公司已經工作 3 年了，工作壓力一直很大，加班無數，經常超負荷地連續工作，但公司從來不支付加班費。小王逐漸厭倦了這樣的工作環境，同時也想給自己尋找一個更大的發展空間，因此萌生了跳槽的念頭。但以前經常聽說員工因為跳槽與公司發生勞動爭議的事例，所以，小王也不敢貿然跳槽。

跳槽不是一件簡單的事情，有很多或明或暗的「雷區」，想要成功跳槽又不惹得一身麻煩，在跳槽前後一定要仔細盤算清楚。在職場中，員工因為跳槽與公司發生糾紛，大多都體現在對解除勞動合同的爭議上。如果你打算跳槽，那麼一定要注意以下幾個方面的問題，不要誤入「雷區」。

雷區之一：《服務期協定》

如果員工與公司之間簽訂了《服務期協定》，除非公司先有違約行為，否則員工必須等到服務期結束，才能向公司提出辭職。值得注意的是，公司不能隨便與員工約定服務期，約定服務期的前提是公司曾經提供專項訓練費用，對員工進行過專業技術訓練。

如果公司與員工簽訂了《服務期協定》，但其中如果沒有關於違約金的條款，則該《服務期協議》對員工沒有實際約束力；如果規定了違約金，違約金數額也不能過高。根據法律規定：違約金的數額最高不得超過用人單位提供的訓練費用；用人單位要求員工實際支付的違約金，不得超過服務期尚未履行部分所應分攤的訓練費用。

雷區之二：《競業限制協議》

如果員工與公司之間簽訂了《競業限制協定》或約定過「競業限制條款」，則在選擇跳槽的目標單位時必須注意：競業限制期間，員工不得到與原公司生產或者經營同類產品、從事同類業務的有競爭關係的其他公司工作，也不得自己開業生產或者經營同類產品、從事同類業務。否則，一旦《競業限制協議》（或「競業限制條款」）中規定了違約金，員工就必須按照約定向原公司支付違約金。

競業限制的期限一般不超過兩年。作為限制員工自由就業的對價，公司在競業限制期間，必須按月給予員工一定的金錢補償。否則，關於競業限制的約定就不能成立。

雷區之三：工作交接

無論是員工主動提出辭職，還是被公司辭退，都必須辦理工作交接。工作交接是員工離職的必備手續之一。如果員工本身沒有過錯，而是由於公司原因（如隨意延長工作時間、拖欠員工工資，或由於公司為降低運營成本而裁減員工）導致員工離職，則公司應當向員工支付資遣費。

需要注意的是，如果員工離職時，沒有履行工作交接的義務，導致公司正常工作受阻，或造成經濟損失，則公司有權拒付資遣費。

雷區之四：提前通知

通常情況下，員工和公司都可以提出解除勞動合同，但應當提前一個月（試用期員工提前 3 天），以書面形式通知對方。否則就是違約，應向對方賠償經濟損失。

不過，如果出現以下情形，則員工無須提前通知公司，可以隨時單方面解除勞動合同。這在法律上稱為「即時解除」。

1. 公司未按照法律規定或合同約定提供勞動保護或者勞動條件；

2. 公司未及時足額支付員工工資；

3. 公司未依法為員工繳納勞健保費及退休金提撥；

4. 公司涉嫌無證經營或從事非法經營活動；

5. 公司的規章制度違反法律、法規的規定，損害員工權益；

6. 公司以欺詐、脅迫的方式或者乘人之危，使員工在違背真實意願的情況下訂立或者變更勞動合同；

此外，如果公司以暴力威脅或非法限制人身自由的手段強迫員工勞動，或者違章指揮、強令冒險作業危及員工人身安全，員工可以立即單方面解除勞動合同。這在法律上稱為「立即解除」。

「即時解除」和「立即解除」雖然是員工提出解除勞動合同，但公司應當按員工在本公司工作的年限，每 1 年支付 1 個月工資的標準向員工支付經濟補償金（6 個月以上不滿 1 年的，按 1 年計算；不滿 6 個月的，向員工支付半個月工資的經濟補償）。

跳槽之前，職場人一定要先將離職可能涉及的法律條文搞清楚，切勿粗心大意，讓原公司抓住把柄，阻礙自己順利跳槽，或使自己遭到不必要的經濟損失。

跳槽如離婚，再嫁千萬要謹慎

如果把員工與企業的關係比作婚姻的話，找工作就相當於「談戀愛、找物件」；面試過了，進入試用期就相當於「訂婚」，訂婚了還能反悔，可以不嫁也可以不娶；而試用期透過之後轉為正式員工，與企業簽訂勞動合同那一天，就等於領取了「結婚證書」。

結婚之後，如果總是互相看著對方不爽，離婚就迫在眉睫了。對於職場人來說，跳槽就相當於「離婚再嫁」。既然在上一次的「婚姻」中遭遇了不幸的經歷，就應該吸取教訓，要再隨隨便便把自己「嫁」出去。

蘇亮是個軟體設計工程師，在一家公司已經工作 3 年多了。在這 3 年多的時間裡，他加班加點從無怨言，將一個技術員所能付出的激情與汗水都交給了公司。而他自己也從一個毛頭小夥子成長為一個有著豐富工作經驗的「職場老人」。

蘇亮在工作中，與同事們相處得都很融洽，主管也很器重他。他原本以為自己會在公司一直做下去，直到他的一個大學同學來看望他，他才對自己的想法產生了懷疑。

這位大學同學在一家跨國公司做市場開發的工作。在他看到蘇亮的第一眼時，就拍著蘇亮的肩膀說：「兄弟，你該有個新環境了，你看，你在這家公司都憔悴成這樣了，成了名副其實的老人了。想當年你可是個熱血青年呢，你還記得你當初的抱負嗎？」

大學同學可能是無心之語，但是卻在蘇亮的心裡掀起了狂瀾。他雖然每天工作都很積極，但常常也感到身心疲憊。工作中會有「3 年之癢」嗎？他是否真的該換工作了？

接下來的日子裡，蘇亮心裡很糾結，工作中也出現了幾次不大不小的失誤。主管找他談話，蘇亮吞吞吐吐地說出了自己的想法。

主管笑了，對他說：「年輕人跳槽未嘗不可。只是你要考慮清楚，你在這裡真的已經做不下去了嗎？要知道，公司主管和同事們對你的評價可是一直都很不錯。而且，在一個行業積累深厚的經驗不容易，你確定自己能輕易捨棄這份積累嗎？」

跳槽客們在準備跳槽換新工作的時候千萬要謹慎，一定要前思後想考慮清楚了，就像主管反問蘇亮的那些問題一樣，要確定自己與這家公司的「感情」是否真的已經破裂，再也不能湊合著在一起「生活」了，然後再決定是否「離婚」——跳槽。

跳槽並不是職業生涯的終點，它只是你職場人生的一個驛站。你將在這個月台上換乘，然後繼續朝著自己心中的目的地駛去。想要搭對車、選對方向，不與自己的職業目標背道而馳，下面的兩條建議十分重要。

1. 跳槽應以職業目標為中心，不可亂跳

跳槽、轉而投向另一個公司的懷抱，從根本上來說，是為職場人的職業目標服務的。篩選新公司的時候，要考察對方所能提供給你的職業發展空間，發展空間的大小直接關係到你日後的升職加薪與職業歸屬感、成就感等。

在確定了你的職業類別和發展方向之後，你的跳槽行動就有目標了。在選擇新公司時，要將個人的職業目標與企業的發展趨勢相結合，就兩者的契合點來進行綜合評估，在發展空間大的企業裡工作，可以使職場人踏上穩健、長遠的職業發展之路；而缺少發展空間的企業與工作職位卻只能將一個職場人送進職業死胡同。

到一個缺少發展空間的企業裡工作，即便你能獲得很高的薪水，也是不可取的，因為它會耗費掉你寶貴的自我提升的時間。跨行業、跨專業的跳槽更是需要慎重考慮的，畢竟在一個領域累積了多年，跨行業跳槽的時候再從頭開始，從長遠來看，是十分不明智的。

2. 鎖定目標公司，具體情況具體分析

跳槽之前、之後要謀劃下一份工作，在這段時期裡，要結合自己的實際情況，鎖定目標公司，然後對它進行考察。切不可盲目地衝過去上班。細緻的考察是必須的，所謂「磨刀不誤砍柴工」。

考察各種規模的公司是有技巧和門道的。有經驗的職場人這樣出招：擇業的重心應該依照企業的規模而異，大型企業選文化，中型企業選行業，小型企業選老闆。

在擇業的過程中要充分考慮公司的企業文化，企業文化是一個公司發展的指路燈，它預示了企業及個人的發展方向，也體現了管理者的主管風格。如果你個人的觀點與企業相吻合，那麼你可以在這裡找到合適的發展方向和道路；反之則會受到阻礙。

行業特徵與企業的生存空間有很大關係，對那些不大不小的中型企業來說，行業特徵可能決定了其未來的發展方向。從成長性的角度看，選對了行業，個人在擇業方面也就成功了一半。

在小型企業裡，老闆是不折不扣的「靈魂人物」，有著絕對的權威，所以老闆的眼光、能力和管理風格對企業未來的發展起著決定性的作用。因此在選小公司時，老闆的個性和作風便成了必不可少的判斷依據。

你鎖定的目標公司規模如何？企業文化怎樣？行業發展前景如何？老闆的個性怎麼樣？都要一一考察，做出正確的評判，從而找到最適合自己發展的公司。大事情不可隨便，小細節也要用心！

除上述兩點外，跳槽客還要對自己的優勢劣勢進行詳盡地分析，以判斷自己在原工作崗位上的業績究竟可以打多少分，再結合新工作職位，為自己客觀地評分。如果你發現這次跳槽並不能保證進一步實現你的職業目標，那麼，建議你不要急著「離婚」，可以再試試看，不要輕易把自己「再嫁」出去，以免連「回頭草」都吃不到。

成功跳槽的 8 條經驗

俗話說「人往高處走，水往低處流」，很多職場人都希望透過跳槽來實現一次「華麗的轉身」，希望越跳越高、越跳越好。但是，就有一些職場「笨蛋」會越跳越糟糕。他們的題出在哪裡呢？殊不知，要想成功跳槽也是有經驗和技巧可學的。以下就是一些職場老手總結出來的 8 條跳槽經驗，如果你能一一領會貫通，那麼，你也就會越跳越高，越跳越好。

經驗之一：利用各種管道對目標公司進行細緻全面的調查瞭解，確定目標公司的確比現任公司要好，再決定起跳。

跳槽客需要提前做的準備工作包括：收集目標公司的有關資料、向相關領域中的從業人員進行詳細的諮詢，瞭解目標職位的工作性質及所需的個人特質與專業技能等，這些「功課」都是必須提前做好的，不能偷懶，跳槽客要對自己的職業生涯負責。然後，對收集來的資料進行認真分析研究。

如果你收到了目標公司的面試通知（如果沒收到，那說明人家可能對你不感興趣），麼，一定要在面試的過程中用心觀察，瞭解目標公司的企業文化、發展前景，尤其要注重個人的發展空間。經過一番考察後，如果發現目標公司的確比現任公司要好，再做跳槽決定。

千萬不要盲目起跳，等到正式跳過去後才發現目標公司並不比前任公司好，甚至更差。此時，想吃「回頭草」為時已晚。這樣「不經過調查還要發言」的跳槽客只能越跳越糟糕！

經驗之二：跳槽客只能在心裡盤算自己的跳槽大計，口頭上就不要到處宣揚了，以免現任公司對你有所防備。

跳槽一定要「悄悄地進行」，千萬別弄得「滿城風雨」。即便是為了找新工作需要向公司請假，你也要撒一個善意的謊言，而不是如實告知。免得到最後，新東家沒接收你，老東家也不要你了。

對待手頭的工作，不要試圖胡亂應付，究竟是敷衍工作還是用心去做，主管不是傻子，他們心裡都有一本帳。將工作盡善盡美地完成，嚴格恪守職場的遊戲規則，保持良好的職業操守，為未來的職場發展打下堅實的基礎。由於你始終如一的良好表現，獲得晉升也是有可能的。

跳槽客千萬不要在辦公室裡大肆宣揚自己要跳槽的消息，鬧得人盡皆知不說，也會讓現任公司的主管對你失去信任，甚至產生敵意或反感。而且，一旦遇到心裡比較陰暗的主管，陰你一招也是有可能的，讓你的職業信用背上一個汙點，直接影響到你以後的職業生涯。

經驗之三：在沒有拿到目標公司正式的書面錄用通知之前，不要輕易辭職。這世上唯一不變的是變化，口頭承諾一點都不保險，白紙黑字相對比較可靠。

肖路的一個朋友在一家大公司負責人事工作。他邀請肖路加入自己的公司一起工作，朋友許諾的薪水很高，福利也很好。肖路在和朋友聊過幾次之後，就迫不及待地辭了職。雖然他現在的工作也很好，薪水也不低，但是他基於朋友的好意，所以毫不猶豫地離開了現在的公司。

但是，沒幾天，肖路的朋友打來電話，充滿歉意地告訴他，之前許諾給他的職位已經被總經理舉薦的人選拿走了……

無論是知己死黨還是普通朋友，都不要輕信對方給你的許諾。畢竟你不是小孩子了，一顆棒棒糖的把戲不能再讓你動心了，不是嗎？

不管別人的邀請是出於真心還是假意，都不要輕易放棄自己現在所擁有的東西，除非你真的已經拿到了你想要的東西。

經驗之四：盡全力、多管道、多角度去瞭解目標公司的「軟環境」，並且謹慎思考，這樣的環境適合自己嗎？利於自己發展嗎？

有經驗的職場老手都知道，辦公室的「軟環境」對於新進人員十分重要。跳槽客要盡可能多地瞭解目標公司的「軟環境」：同事之間關係是怎樣的？是熱情還是冷漠？是彼此寬容還是斤斤計較？是相互合作還是勾心鬥角？是否暗藏著派系之爭？要知道，辦公室政治這個東西，不是誰都能玩的。

決定去目標公司上班之前，必須先瞭解它的「軟環境」，看看這樣的環境是否適合自己的性格，是否有利於自己的職業發展。畢竟，誰都不想去一個充滿著辦公室鬥爭的環境中去浪費自己寶貴的時間。

只有愚蠢的跳槽客才會不管三七二十一就殺進新公司，然後在激烈的辦公室鬥爭中變成可憐的炮灰。

經驗之五：根據目標公司和目標職位的要求，用心製作有針對性的求職履歷，全力爭取面試機會，並做好面試前的各種準備。

雖然你可能有現成的履歷，但是為目標公司和目標職位「量身定做」一份履歷，是非常有必要的。在求職履歷和求職信上要下足功夫，漫不經心的履歷與精心製作的履歷會傳達給目標公司截然不同的個人資訊，給招聘人員留下一個深刻而且良好的第一印象十分重要。

既然鎖定了目標公司與職位，就應該全力以赴地去爭取，做好面試前的各種準備。只有那些無知的職場人才會忽視求職履歷的巨大作用，天真地以為只要憑藉著自己的「真才實學」就可以輕鬆闖進面試那一關。

經驗之六：切莫自斷後路，保證全身而退是你必須要做到的。

如果目標公司已經正式通知你上班，而你也認為它的確比原來的公司要好，那麼你可以向原公司遞交辭職報告了。你可以向新公司申請一定的時間，以便於辦理相應的離職手續（如果你已經離職，那就不存在這個問題了）。

如果你覺得當面遞交辭職報告有難度，那就選擇採用快遞、傳真或是 E-mail 的方式進行，只是要注意保存好單據，以證明你做過的這些事情。若因離職發生糾紛，你有證據在手裡，可以幫你說清事實。

不過，在遞交辭職申請之前要處理好公司的電腦裡保存的私人檔，並整理好私人物品。只有粗心大意的人才會遞交完辭職報告後立即走人，而將私人文件遺留在公司電腦裡，成為同事的笑柄或是潛在的炸彈。

經驗之七：離職的時候要懂得運用法律武器維護自己的合法權益，不要心軟也不要太狠，一切按照法律與合同的規定辦理。

在與公司商談你的離職日期、賠款等問題時，一定不要忽視了法律武器。一般說來，只要員工提前 30 天遞交書面辭職申請，不論公司同意與否，員工都可以離職。若是公司拖住你不放，盡可以搬出法律條文來。離職前要認真閱讀與公司簽署的勞動合同，按照合同的規定辦，不要違反合同（無效合同除外），以免被公司抓到把柄，克扣你的工資或補償金，甚至逼你賠償經濟損失。

不要為了急於脫身，對公司提出的要求——無論是合理還是不合理——都統統答應，要懂得運用法律武器保護自己的正當權益。

經驗之八：遞交辭職申請後，全力做好並認真交接自己負責的那一部分工作，這樣的職業操守是每一個職場人士都必須具備的。

只有不在意自己職場形象與個人品牌的職場人，才會在離職的時候對工作敷衍了事，不認真進行工作交接，從而毀壞自己的職場形象，危害日後的職場生涯。

如果你準備跳槽，並且想越跳越高，越跳越好，那麼就細細品讀、領悟上面所說的條經驗吧！

跳槽之後，成功上位 14 招

跳槽加入新公司之後，在新同事的包圍中，你是否覺得自己就像是一個「天外來並不能立刻融入到他們的圈子之中？出現這種情況是正常的。因為所有的人都會對新來的陌生人產生戒備心理，人與人之間都要經歷一個從陌生到熟悉的過程。

不用阿諛奉承，也無需忍氣吞聲，輕輕鬆松學會下面的14招，你就能不動聲色地「突出重圍」，不僅能與新同事友好相處，也能讓新上司對你另眼相看。

第1招：提前上班，延遲下班

在現代職場裡，按時上下班已是過去式，提前打卡並且延遲離開，才證明你對公司鞠躬盡瘁，對工作兢兢業業。有調查結果顯示：凡事業有成的企業家都有一項共同的習慣——早到晚退。你或許會質疑，經常早到晚退、加班加點，會不會讓老闆以為你的工作效率低下，甚至虛偽做作？其實正好相反，老闆只會對你埋頭工作的身影印象深刻。

第2招：保持大方得體的儀態

乾淨利索的個人形象，到哪裡都會受到歡迎，尤其是當你加入一個新團隊的時候，更要注意這一點。人們通常都有以貌取人的習慣，在你被別人瞭解和接受之前，他們首先關注的就是你的外表形象。打扮得體、衣著整潔並具備良好的個人衛生習慣，是使你快速融入團隊的好方法之一。

第3招：兵來將擋，水來土掩

永遠要有這樣的心理準備：如果上司突然交給你一個任務，並要你在短時間內完成，你必須有兵來將擋、水來土掩的本領與決心，千萬不可表現出不知所措的恐慌樣子。公司在提拔人才時，吃苦耐勞和敢於承擔的員工是最易獲青睞的。至於那些老是發牢騷、踢皮球、找藉口的「軟蛋」，根本就不可能有機會。

第4招：把上司永遠放在第一位

永遠要記住：上司的時間比你的值錢。當他分派一項新任務給你時，最好立刻放下手邊的差事，以他的指令為優先。比如，當你正跟別人通電話時，上司剛好要找你，你應該立即終止通話。假如通話的對方是公司的重要客戶，你不妨以字條知會上司。總之，尊重上司是搞好上下級關係的最重要前提。

第 5 招：以上司的事業為己任

在職場上（尤其是在私營和合資公司），能否成功上位，你的上司是最關鍵的決定因素。要時刻牢記：上司的事情就是自己的事情，上司的事業發展順利，你也就跟著發展順利；如果他們失敗，你的前途同樣一片黯淡。所以說，幫上司，就是幫自己。

第 6 招：遇到問題要臨危不亂

驚惶失措是職場中最忌諱的表現，只有沉著鎮靜、處變不驚的人，才能成為職場上的勝利者。老闆都欣賞臨危不亂的員工，因為只有這種員工才有能力乘風破浪，獨挑大梁。如果你有天塌下來都不怕的信心，那麼出人頭地指日可待。

第 7 招：洞察先機，未雨綢繆

千萬不要以為所有計劃都能順利實現，事先想好應急方案是發生意外時的救命稻草。比如你的上司出差時，你應該替他設想可能遺漏的東西以及可能出現的突發狀況，並為他提前做好準備。「不怕一萬，只怕萬一」就是這個道理。如此一來，上司不但會感激你，也會對你未雨綢繆的良好的習慣留下深刻的印象。

第 8 招：合理分配，事半功倍

想要迅速獲得上司的賞識，最好的方式是盡可能提高工作效率。尤其當你面對堆積如山的工作時，不要慌慌張張、如臨大敵。只要事先規劃好時間分配，並設定事情的優先順序，就能輕而易舉地一一處理。

第 9 招：參與決策，當機立斷

想出人頭地嗎？先改掉你優柔寡斷的毛病再說。當你有機會參與公司決策的時候，千萬要記得「當機立斷、堅毅果敢」這八個字。優柔寡斷與婆婆媽媽是決策的致命傷。縱觀世界成功企業家，沒有哪個不是雷厲風行、果敢決斷的角色。

第 10 招：經常充電，蓄勢待發

資訊時代新新人類最大的特點是，沒有閱讀報紙雜誌吸取新知識的習慣。如果你也是其中之一，那麼你有必要增加一種充電方式，常常閱讀一些報刊雜誌，掌握時代脈向與國際形勢，這是躋身管理階層的必要條件。網路上海量的資訊有相當一部分價值較低，會浪費你很多時間。

第 11 招：不怕吃虧，善於溝通

在未來領袖的字典裡，沒有「對不起，我沒空」這樣的詞句。如果你的上司要你負責額外的工作，你應該感到高興和驕傲，因為這表示他看重你、信任你，而且極有可能是他在有意識地考驗你承受壓力與肩負重責的能耐。

不過，如果你覺得實在負荷不了，而且過度的工作已經明顯造成你身體或心理上的不適，而你又不便推卻上司交付的任務，不妨試著和上司溝通，妥善安排工作的優先順序。

第 12 招：出現錯誤，勇於承擔

如果你在工作中犯了比較嚴重的失誤，怎麼辦？與其逃避責任，不如冷靜下來，評估事態的嚴重性，並研究可行的補救措施，然後視情況向上級反映；萬萬不可在情況未明朗時報告上司，而又不知如何解決；更不可裝作什麼都沒發生，企圖遮掩過失。有自己的主見，養成臨危不亂的好習慣，這才是上司欣賞的特質。

第 13 招：笑臉迎人是不二法門

沒有人喜歡和一個整天愁眉苦臉的傢伙在一起，原因很簡單，因為這種人通常只把悲傷帶給別人，而那正是大家最不想要的。如果你想獲得同事們的喜愛，盡量保持笑臉常開是不二法門。俗話說：伸手不打笑臉人。笑臉迎人不但讓共事的氣氛更歡愉，對於工作也有事半功倍之效。

第 14 招：訓練超強的表達能力

懂得如何適時地在公眾場合發表意見，將令你的事業如虎添翼。通常上司都很重視員工的溝通表達能力。除了吃苦耐勞能做事之外，磨利你的牙鋒，一定能在關鍵時刻發生效用。培養和提高自己表達能力的方法有很多，比如：

（1）開會時，盡量選擇靠近會議桌中間的位子，別孤零零地坐在別人看不到的角落裡。

（2）試著在會議一開始就搶先發表意見，先發制人，這樣在場聽眾才會對你印象深刻。

（3）盡量避免使用模棱兩可或立場薄弱的措辭，如「我想」「我覺得」「可能是」等等。

（4）發言時，講話速度要不疾不徐，抓住重點。只要你言之有物，別人絕對不敢忽略。

如果你能學會上面所介紹的 14 個招式，那麼，即使到了一個完全陌生的新環境，也可以讓你迅速上位，很快進入角色，輕鬆實現從「局外人」到「圈內人」的轉變。

千萬別跟著上司「玩」跳槽

當一個你很信任和尊敬的上司邀請你跟他一起跳槽時，你會是什麼感覺？被賞識的滿足感？還是誠惶誠恐的不知所措？當你在一個公司工作得如魚得水的時候，突然出現這種情況，你首先要考慮的就是——我到底是一匹千里馬還是一顆棋子？這是最能考驗一個人眼光和策略的抉擇。

跟著上司「玩」跳槽，到底是福是禍？利多還是弊多呢？

秦鈺大學畢業後來到了深圳的一家證券公司上班，主要負責財務工作。雖然公司規模不大，但工作氛圍還算融洽。部門經理是一位三十多歲的女性，工作經驗十分豐富，非常賞識秦鈺，經常在業務上幫助她，並且還經常帶著她去外面吃飯，或是去休閒娛樂。秦鈺感覺自己遇到了伯樂，工作上格外賣力，兢兢業業。部門經理對秦鈺來說，不僅僅是工作上的上司，還是生活中的朋友和學長，她很慶倖自己遇到她。

然而，在一次工作中，由於部門經理的失誤，給公司造成了嚴重的後果，在員工大會上，總經理對這件事做了通報批評，並對部門經理處以罰款。部門經理很不服氣，認為自己沒有功勞也有苦勞，就是偶爾有些失誤，也不至於讓她這麼丟面子吧。於是一直耿耿於懷，最後決定一走了之。

部門經理把自己的想法說給秦鈺聽，想讓秦鈺和她一起跳槽，說如果有新公司能高薪聘請她，她一定為秦鈺安排一個比現在好十倍的職位。一是有高薪的誘惑，二是感激部門經理的「知遇之恩」，最後秦鈺被說動了，答應和她一起離開現在的公司。

部門經理憑藉豐富的工作經驗，很快找到了一家新公司，職位和薪水都比原來的高。但是最初給秦鈺的承諾卻遲遲不見兌現，秦鈺幾次找她，但都被她以種種藉口推脫了。無奈之下，心灰意冷的秦鈺只得另謀出路，一切從零開始，辛苦可想而知。雖然幾經輾轉也找到了一個不錯的工作，但秦鈺卻感覺心力交瘁，十分不適應。後來，她從一位原來的同事那裡得知，當初部門經理拉著她一起跳槽，所有的承諾都是假的，只是把她當成了向別人炫耀能力的一顆棋子罷了。

雖然像秦鈺這樣被騙的例子在職場上並不多見，但是從中不難發現，跟著上司跳槽是一項具有危險性的活動。職場人面對這種情況時，要對自己有一個清醒的認識，對上司有一個客觀的評價，千萬不能為了「報恩」就感情用事。

雖然和上司一起跳槽聽起來比較「時尚」，也很有榮耀感，但如果你想在職場上有所發展的話，就一定要慎重。做好自己的職場規劃，盡量避免盲目的跳槽衝動。因為你已經在原公司積累了大量的工作經驗和人脈資源，一旦跳槽，則要面對一個嶄新的工作環境，而這勢必要你付出很大的機會成本。

鄒海畢業後一直在一家合資企業工作，雖然有時候比較辛苦，但他對自己的工作還算滿意。作為中方代表之一的張經理跟他的關係非常要好，兩人幾乎成了無話不談的好朋友。有一次，張經理告訴鄒海，說有一個大公司高薪請他過去，薪水要比現在高兩倍，打算拉著鄒海一起跳槽。出於哥兒們義氣，鄒海同意了。

新公司的規模的確比原來的公司大很多，待遇也相當不錯。但是不久鄒海卻發現，這裡的人際關係比原來的公司要複雜得多。很多員工看似普普通通，其實背後都有後台，不管能力有多差，但照樣拿著比自己高很多的薪水。另外，由於張經理是作為高級人才被獵頭挖過來的，在新公司裡，資歷和背景都很單薄，處處都得小心謹慎，而鄒海則更慘。所有人都把他倆當作了一夥兒，處處都提防著他們。

在這種情況下，鄒海雖然很用心地工作，不去想這些事情，可是在工作上，處處掣肘，極其不順利。這讓鄒海十分鬧心，終於忍無可忍地提出了辭職。

跳槽本身就是一件具有冒險性的事情，而盲目地跟著上司跳槽到一家完全缺乏瞭解的公司，就更具冒險性了。然而，在現代職場上，跟著上司一起跳槽的事情卻屢見不鮮。那麼，到底應不應該與上司一起跳槽呢？這要從三個方面來考察。

1. 能不能跳

跟著上司跳槽，上司肯定首先考慮了他個人的得失。甚至有的上司是出於個人目的，作為對原公司的報復，從而拉攏自己的下屬集體辭職。另外，即使上司與新公司達成了一定的協議。作為一個跟隨者，你也必須瞭解新公司的基本情況，以及新公司對你本人的評估。假設你在獨立跳槽的情況下，新公司會給你什麼樣的待遇，然後作為對比，判斷新公司是急需人才，還是單純的挖牆腳。一切利害得失分析清楚之後，再決定是去是留也不遲。

2. 該不該跳

跳槽之前，對自己和公司的現狀要有一個客觀的認識。如果目前的公司正處於下坡階段，搖搖欲墜，而正好你個人也沒有什麼更好的出路，那麼，跟隨上司一起跳槽也許是一個不錯的選擇，最起碼可以獲得新的機會。但如果僅僅是因為自己對工作不滿或出於哥們義氣跳槽，那就值得思量了。對你來說，雖然跟著上司跳槽或許可以得到較高的薪水和職位，但是你個人的發展空間才是決定跳槽與否的關鍵所在。

3. 為什麼跳

決定跟著上司一起跳槽之前，你一定要搞清楚自己和上司關係的性質，是同事合作關係還是私人友誼關係。如果是同事合作關係，那麼這個跳槽理由還算充分；但如果是因為私人友誼關係，則可能需要慎重了，因為這種關係必定會給新公司帶來拉幫結派的不良印象，而且私人友誼也常常會影響你做出客觀、理智的正確判斷。所以在跳槽之前，要冷靜分析幾個「為什麼」，不要被眼前的假象左右了自己的思考。

如何去除跨行跳槽的盲點

跳槽轉行是因為職場人不滿意自己的工作現狀或職業前景，希望透過轉行來為自己贏得更大的發展空間和更多的職業機會。但是很多職場人在跨行跳槽時常常表現得很隨意、很盲目，只是出於別人的建議或者自己的一時衝動，完全沒有經過理性的分析、思考和判斷。這種盲目跳槽一旦發現失誤，跳槽客多半會選擇繼續跳槽來彌補這種失誤，期望藉此擺脫跳槽泥潭。

杜梅大學畢業後在一家廣告公司做行政助理。一年之後，杜梅在朋友的引薦下，跳槽到一家醫藥公司做銷售助理。憑著自己的聰明伶俐，以及之前的工作經驗，杜梅到新公司工作不久，很快得到了主管和同事們的認可。她幹起工作來十分賣力，每天早來晚走，非常敬業。杜梅希望透過自己的努力，獲得良好的職業發展空間。

但是半年以後，杜梅發現這家公司所能給予她的並不如她當初設想的那麼好，無論是公司前景還是個人發展機會，都讓她感到失望。所以杜梅決定再次跳槽。只是，這次她不知道自己該去往哪裡，該從事什麼職業。

杜梅陷入了深深的迷茫之中，開始對自己的跨行跳槽進行深刻的反思。

在職場上，類似於杜梅這樣因為跳槽錯誤而使職業生涯的發展陷入困境的職場人士不在少數。對於職場人來說，要想透過跨行業跳槽促進自身職業的發展，必須懂得如何去除跨行跳槽中的盲點，最大限度地減少跨行跳槽的盲目性，才能使跳槽轉行對自己的職業發展起到促進而不是阻礙的作用。

1. 盤點自己的職業能力

職場人不清楚自己的能力到底如何，不明晰自己下一步的職業目標，一直將自己固定在某個行業、某個職位上，自己的思維與思考方式會有很大的局限性。如果僅僅是跟著薪酬、職位的感覺走，在這種盲目的狀態下就不管不顧地跨行跳槽，自然是行不通的。

發展要講求「可持續性」。跨行跳槽之前，一定要結合自己的職業能力、將來的發展潛力，來綜合考慮自己到底適合做什麼。只有對自己的定位明確了，清楚了自己的職業方向和目標，並在此基礎上做出了切實可行的計畫，這樣的跨行跳槽才是明智的。

2. 鎖定目標職業

俗話說「隔行如隔山」，跨行跳槽並不是那麼好跳的，你要在前期對自己鎖定的目標職業做一個正確的評估，瞭解行業的發展趨勢、遠景，結合自己的實際情況進行綜合分析，問問自己是否適合這個職位。如果自己不敢擅自決定，可以請教家人、朋友的看法，或者是諮詢專業的職業顧問公司。

在做完這些前期工作之後，再決定自己是不是要轉行。

3. 正確判定自己目前所處職業的發展階段

在原來的專業領域走得越遠、越深的從業者，跨行跳槽去做其他的事情難度就越大。在準備跨行跳槽之前，先對自己目前所從事的職業進行一個整體的、科學的評估或是預見，弄清楚自己目前是處在上升階段，還是下降階段。

如果是上升階段，那跨行業跳槽就要謹慎，畢竟你目前的職業還有上升的空間；如果已經開始走下坡路，那就應該立刻轉行。假如你已經決定要轉行了，那就不要再反覆、遲疑。要知道等待、觀望的時間越長，付出的代價也會越大，既然決定要離開，就在做好前期工作之後馬上離開，迅速投入到新的工作領域，盡快從頭開始積累、全力打拚。切記不要前怕狼後怕虎，跳也不是，不跳也不是，停在那裡躊躇、猶豫，白白浪費大好的光陰。

總之，跨行業跳槽與一般的同行業跳槽相比，職場人要承擔更多的不可預知的風險，這就要求跨行業的跳槽客一定要謹慎行事。只有這樣，才能確保自身職業的可持續發展。

國家圖書館出版品預行編目（CIP）資料

職場求生完全手冊：讓職場新鮮人直接成為職場達人 / 張振華 編 .
-- 第一版 . -- 臺北市：崧博出版：崧燁文化發行 , 2019.09
面；　公分
POD 版

ISBN 978-957-735-913-1(平裝)

1. 職場成功法

494.35　　　　　　　　　　　　　　108012245

書　　名：職場求生完全手冊：讓職場新鮮人直接成為職場達人
作　　者：張振華 編
發 行 人：黃振庭
出 版 者：崧博出版事業有限公司
發 行 者：崧燁文化事業有限公司
E-mail：sonbookservice@gmail.com
粉 絲 頁：　　　網 址：
地　　址：台北市中正區重慶南路一段六十一號八樓 815 室
8F.-815, No.61, Sec. 1, Chongqing S. Rd., Zhongzheng
Dist., Taipei City 100, Taiwan (R.O.C.)
電　　話：(02)2370-3310 傳　真：(02) 2370-3210
總 經 銷：紅螞蟻圖書有限公司
地　　址: 台北市內湖區舊宗路二段 121 巷 19 號
電　　話:02-2795-3656 傳真 :02-2795-4100　　網址：
印　　刷：京峯彩色印刷有限公司（京峰數位）

定　　價：320 元
發行日期：2019 年 09 月第一版
◎ 本書以 POD 印製發行